凝灰质粉砂岩力学特性
及其在大跨隧道中的应用

舒志乐　刘保县　周少波　江　锋　姚　磊■著

重庆大学出版社

内容提要

凝灰质粉砂岩在我国，特别是浙江省分布十分广泛，具有膨胀和蠕变的双重特性，这种特性会对岩土工程建设及工程结构稳定性产生极大的危害。本书详细介绍了凝灰质粉砂岩的力学及蠕变特性、大跨凝灰质粉砂岩隧道施工力学行为、监控量测及典型工程应用，共分为8章，主要内容包括凝灰质粉砂岩基本力学特性试验、大跨偏压小净距隧道力学特性分析、凝灰质粉砂岩非线性蠕变本构模型研究、凝灰质粉砂岩大跨隧道施工技术研究、支护结构力学特性现场试验和监控量测的应用，并提出了大跨隧道分部导坑开挖法。

本书题材大多来自科研和工程实践，注重理论与实践相结合，在内容安排上注重理论的系统性，并兼顾各类工程实际。可作为高等院校土木工程、交通工程、矿业工程、隧道工程、道路工程、市政工程等领域的科研和工程技术人员的参考用书。

图书在版编目（C I P）数据

凝灰质粉砂岩力学特性及其在大跨隧道中的应用 / 舒志乐等著. -- 重庆：重庆大学出版社，2017.8
ISBN 978-7-5689-0692-0

Ⅰ. ①凝… Ⅱ. ①舒… Ⅲ. ①粉砂岩－应用－大跨度地下建筑物－工程施工 Ⅳ. ①TU929

中国版本图书馆CIP数据核字(2017)第180257号

凝灰质粉砂岩力学特性及其在大跨隧道中的应用

舒志乐　刘保县　周少波　江　锋　姚　磊　著

责任编辑：肖乾泉　　版式设计：肖乾泉
责任校对：陈　力　　责任印制：赵　晟

*

重庆大学出版社出版发行
出版人：易树平
社址：重庆市沙坪坝区大学城西路21号
邮编：401331
电话：(023) 88617190　88617185（中小学）
传真：(023) 88617186　88617166
网址：http://www.cqup.com.cn
邮箱：fxk@cqup.com.cn（营销中心）
全国新华书店经销
重庆学林建达印务有限公司印刷

*

开本：787mm×1092mm　1/16　印张：13.5　字数：265千
2017年8月第1版　　2017年8月第1次印刷
ISBN 978-7-5689-0692-0　定价：45.00元

前 言

凝灰质粉砂岩具有膨胀和蠕变双重特性,在降雨、日照、干湿循环中风化剧烈,易发生崩塌及泥化,属于经过火山活动的碎屑产物堆积而成的火山碎屑岩中的一种,是介于火山岩和沉积岩之间的过渡岩石。这种膨胀和蠕变双重特性会对工程结构稳定性产生极大的危害,尤其在围岩稳定性要求高的大跨隧道中危害更大。遇水膨胀性和长期蠕变性不仅会增加隧道施工运营成本,而且容易发生坍塌冒顶、围岩松动等质量安全问题,使整个线路存在长期的重大安全隐患。随着公路、铁路发展的跨越式推进,隧道建设中更加注重"大跨、长、快速"的特点,如何才能在各种复杂围岩地质中实现"安全、优质、快速、高效"成为了隧道工程中的热点话题。因此,开展凝灰质粉砂岩力学特性及其在大跨隧道中的应用研究将对我国山区隧道交通建设具有很大的工程实用价值,对区域内路网规划与建设有着深远影响。

凝灰质粉砂岩在我国,尤其在浙江省分布十分广泛。本书结合浙江省某凝灰质粉砂岩区大跨隧道——路湾隧道工程实际,综合采用工程实例分析、专家咨询、现场测试、室内试验、原位试验、数值模拟分析、理论分析、专家会议等方法,通过凝灰质粉砂岩膨胀-蠕变耦合试验,分析得出凝灰质粉砂岩及在不同含水状态的膨胀-蠕变耦合变形破坏规律及统计损伤本构方程,并在大跨偏压小净距隧道力学及凝灰质粉砂岩非线性黏弹塑性本构模型研究的基础上,建立其非线性流变本构方程并结合 FLAC3D 程序化,对凝灰质粉砂岩膨胀-蠕变双重特性进行系统研究。

本书是在充分吸收国内外研究成果的基础上,由西华大学舒志乐、刘保县撰写而成。其中,浙江交工集团股份有限公司的周少波、江锋、姚磊、王伟进、王文隆、周建江、赖荣辉、骆昂树、郭露、徐建超、毛敏参与了部分工作,浙江省丽水市 50 省道 330 国道莲都段改建工程指挥部的徐建坤、蔡竹聪、叶建华、赖淳凯、冯晨在本书撰写过程中给予了诸多帮助和指导,在此表示衷心感谢!

书中一定还有许多不妥或错误之处,敬请读者批评指正。

作 者
2017 年 5 月

目　录

第1章
绪　论

1.1　研究意义

凝灰质粉砂岩在我国,特别是浙江省分布十分广泛。凝灰质粉砂岩属于火山碎屑岩的一种,火山碎屑岩是指由火山活动直接产物的碎裂作用所产生的碎屑堆积而成的岩石,是介于火山岩与沉积岩之间的过渡性岩石。凝灰质粉砂岩在降雨或干湿循环作用下,易崩解甚至泥化,具有膨胀和蠕变的双重特性。这种双重特性会对岩土工程建设及工程结构稳定性产生极大的危害。为满足在凝灰质粉砂岩区进行工程建设的技术要求,需要对凝灰质粉砂岩的膨胀和蠕变耦合特性进行深入研究,这些研究无论是对岩石力学膨胀-蠕变的发展还是在实际工程的应用,其耦合关系都具有重要的意义。

我国是多山而且地质条件十分复杂的国家,山区及高原约占全国总面积的60%。随着我国交通、铁路网以前所未有的速度向前发展,隧道工程的建设也进入了一个新的高潮。公路、铁路跨越式发展对隧道快速施工也提出了迫切的要求,突出“大跨、长、快”的特点。如何才能实现“安全、优质、快速、高效”地修建隧道,尤其是复杂地质条件下的大跨隧道是隧道施工中的热门问题,亟待解决。因此,对凝灰质粉砂岩区大跨隧道施工技术进行研究,具有十分重要的理论意义和实用价值。

浙江省丽水市50省道莲都段城北路连接线拼宽工程中,在建的路湾隧道位于丽水市境内,隧道整体穿越凝灰质粉砂岩。路湾隧道左洞起讫桩号为 ZK4 + 057—ZK4 + 703,长646 m;右洞起讫桩号为 K4 + 018—K4 + 717,长699 m。隧道净跨14.9 m。路湾隧道穿越丘陵斜坡,地形起伏较大,偏压严重。隧道进出口段节理发育,围岩软弱,地下水活动强烈;上部残坡积体覆盖层仅为6～9 m,且均为松散的土夹石,属浅埋;隧道整体穿越凝灰质粉砂岩夹砂砾岩、角砾凝灰岩地层,遇水极易膨胀并崩解泥化。隧道洞身段围岩呈碎裂状松散结构-块碎状镶嵌结构,并且存在断层。路湾隧道修建工期短、地质条件复杂,施工中很容易发生塌方冒顶事故,施工难度大、施工安全风险大。通过对凝灰质粉砂岩区大跨隧道膨胀-蠕变特性及施工技术进行研究,找出一套适合我国凝灰质粉砂岩区大跨度隧道安全、快速施工的关键技术,不仅为本隧道工程的建设提供科学依据,确保隧道施工的安全和建设质量,而且也为今后类似凝灰质粉砂岩区大跨度隧道的设计和施工提供重要的技术借鉴和理论依据。因此,针对凝灰质粉砂岩区大跨隧道膨胀-蠕变特性及施工技术进行研究,无疑具有重要的工程实际应用价值和理论意义。

本项目拟结合凝灰质粉砂岩区大跨隧道——路湾隧道工程实际,综合采用工程实例分析、专家咨询、现场测试、室内试验、原位试验、数值模拟分析、理论分析、专家会议等方法,通过凝灰质粉砂岩膨胀-蠕变耦合试验,分析得出凝灰质粉砂岩及其在不同含水状态的膨胀-蠕变耦合变形破坏规律,建立其非线性流变本构方程并结合FLAC3D程序化,对凝灰质粉砂岩膨胀-蠕变双重特性进行系统研究;在此研究基础上,对洞口边坡稳定性监测及滑坡防治、动态施工监测技术及围岩稳定性、三维激光扫描仪在监测技术中的应用等凝灰质粉砂岩区大跨隧道开挖灾害预防与控制关键技术进行研究,对新施工工法、施工关键技术、断层破碎带施工关键技术等凝灰质粉砂岩区大跨隧道施工工法及关键技术进行研究。最后,总结出凝灰质粉砂岩区大跨隧道开挖灾害预防与控制关键技术、施工工法以及信息化动态施工关键技术,形成一套国内领先的凝灰质粉砂岩区大跨隧道施工技术及组织管理体系,使凝灰质粉砂岩区大跨隧道膨胀-蠕变特性及施工技术研究达国内领先水平,确保凝灰质粉砂岩区大跨隧道施工的安全和建设质量。

1.2 国内外研究现状

1.2.1 膨胀岩的膨胀性及蠕变性研究进展

1)膨胀岩的膨胀性试验研究

Holtz 等首先研究了膨胀黏土的工程性质;Robertson 采用常规固结仪对泥岩进行了轴向膨胀试验,得出应变的对数和膨胀压力的对数呈线性关系。朱建民等全面分析了软岩的微观结构特性,得出了小官庄铁矿的主要成分,其主要由两类软岩组成:富含蒙脱石的第一类软岩,由于蒙脱石本身具有膨胀特性,从而导致这一类软岩具有膨胀性;其次是含有绿泥石的第二类软岩,其中有部分是不含黏土矿物的节理化软岩,二者都不具备膨胀特性。杨庆等通过试验测定了膨胀岩的膨胀应变与用三轴试验得到的三轴应力和吸水量等之间的函数关系;焦建奎对普通固结仪进行改造,用改造后的试验仪器测出试样在侧向膨胀受限的条件下,得出岩样在侧向会产生很大的膨胀应力;Komornik 将膨胀仪器上的刚性环刀改为可以测量应力和应变的柔性环刀,在柔性环刀表面贴应变片,测出膨胀岩体的径向膨胀应变和应力;刘长武等从泥质软岩的微观颗粒结构和物质组成的内部结构等方面着手进行全面分析,阐述了泥质软岩遇水之后的崩解软化机理;王幼麟通过实验得出软质岩石的膨胀、软化和崩解是由一系列因素造成的,这些因素主要包括物理化学因素和力学因素。

2)膨胀岩膨胀本构关系研究

李成江考虑了应力场和渗流场的相互影响,建立了三维应力状态下膨胀与流变相耦合的力学模型;Gysel 给出了考虑围岩膨胀因素的圆形洞室近似计算解;傅学敏等用一系列元件并联来模拟膨胀软岩的力学行为,其中这些元件主要是膨胀元件、弹性元件、黏性元件和塑性元件;Einstein 根据试验结果提出了软岩的三维膨胀本构关系;陈宗基认为膨胀是物理化学和力学过程联合作用的结果;Kodandaramaswam 提出了膨胀黏土的位移与时间变化的关系是双曲线;Justo 采用参数法进行有限元分析后,认为围岩隧道的膨胀只在垂直方向发生。

3)膨胀岩的蠕变试验研究

膨胀岩是一类变形量大、强度低且结构性明显的特殊软岩,在潮湿的环境下具有显著变形。由于膨胀岩中的内部结构存在着大量节理以及许多造成膨胀岩不稳定的不连续面性,而岩体结构控制岩体变形、破坏及其力学特性,只有通过试验来获得其力学性质。

如 Shin 等在恒定的应力作用下进行蠕变试验,测得蠕变破裂所需要的时间与加载的应力水平有关;Li 等对同一试样用分级加载的方法进行蠕变试验,直到岩石试件发生破裂为止;吴玉山对含有软弱夹层的岩体进行了现场流变试验,并根据推广的开尔文模型,确定了有关流变参数;H. Nishigami 等使用人工软岩进行平面应变的蠕变试验,揭示了中间主应力对软岩的影响;赵延林等对带有软弱节理的矿岩采用分级增量循环加卸载方式,得出岩体在蠕变初期变形比较明显,在经历了快速衰减蠕变后进入稳定蠕变阶段,且所施加的蠕变应力越大,稳定蠕变的速率也越大;堪文武等通过 CSS-4410 型电子伺服万能试验机对甘肃引洮红层软岩进行室内试验,得出红层软岩蠕变的试验曲线与用 Burgers 模型描述的蠕变特性理论曲线基本吻合;南培珠等采用单轴分级加载下的软岩流变试验,建立了巷道围岩的流变力学模型;李刚等通过不同孔隙水压力下的蠕变试验,得出孔隙水对软岩的蠕变特性影响显著,且软岩蠕变的特性随应力阀值的增减相差很大;范秋雁等以南宁盆地具有膨胀性的泥岩作为研究对象,采用单轴压缩的无侧限、有侧限蠕变试验,结合扫描电镜分析,得出了泥岩蠕变过程中细观和微观结构的变化规律;张强勇等采用压缩蠕变试验对大岗山的软弱岩体进行现场压缩蠕变试验,得出该地区的软弱岩体具有瞬时弹性变形、减速蠕变和弹性后效等蠕变特性;陈沅江等通过分级增量循环加、卸载的单轴压缩实验,对 4 种不同尺寸的岩样进行蠕变试验,得出模型参数随软岩试件尺寸增大而不断减小,且最终趋向于一个定值;张耀平等利用流变试验,提出了软岩瞬时弹性模量随施加的应力水平的增加而不断增大,而且软岩抵抗瞬时弹性变形以及瞬时塑性变形的能力有所增强;田洪铭等采用宜巴高速公路泥质红砂岩进行室内三轴蠕变试验,结果表明泥质红砂岩在蠕变过程中其轴向蠕变和径向蠕变显著,而且两个方向的蠕变均有蠕变三阶段,且两个方向的蠕变几乎同时进入加速蠕变阶段;杨林德等通过瞬态压力脉冲的试验方法,测试出泥质粉砂岩和褐红色泥岩这两种软岩在弹塑性阶段的渗透系数;李栋伟等采用三轴剪切和单试件分级加载的室内试验,获得了软岩强流变变形的特征,以元件模型和经验函数相结合的方法获得了软岩本构的模型;付志亮等通过对龙口北皂矿区围岩蠕变试验,总结出软岩巷道的围岩岩性参数和该地区软岩的实际蠕变规律;陈卫忠等通过对深部软岩的现场大型三轴流变试验,得出泥岩的蠕变速率不仅与所施加的应力水平相关,还与发生应变所经历的时间密切相关。

4) 膨胀岩蠕变模型研究

膨胀岩蠕变本构模型的研究,就是探讨用何种本构方程来描述膨胀岩的应力、应变-时间之间的力学关系。经过多年的研究,已经建立了很多的蠕变模型,这些岩石流变本构模型主要划分为以下 5 类:经验模型、元件组合模型、损伤断裂流变模型、内时模型、弹黏塑性模型。

(1)经验模型

经验模型是指在某个特定条件下,对岩土体材料进行的一系列流变试验,并且在得到试验数据的基础上,利用数据得出其试验曲线,从而进行拟合而建立起来的流变模型。如张向东等采用老化理论,建立了泥岩的非线性蠕变方程;高洪梅等采用 EPS颗粒轻质混合土推导了一个新的蠕变模型,其中用元件模型拟合弹性变形,用经验模型拟合塑性变形;李广冬等对 Q_3 黄土进行了三轴剪切蠕变试验,建立了 Q_3 黄土的经验蠕变模型;何利军等基于遗传流变理论,推导了可以用于软黏土的经验流变模型;邹良超等采用室内土的蠕变试验,结合应力-应变关系,建立了一种新的描述蠕变特性的经验模型;张卫兵等通过黄土的一维蠕变试验,以 Kelvin 模型为基础,建立了同时考虑时间、应力和应变三者互动的双曲经验模型。

(2)元件组合模型

组合模型是以常见的模型为基本元件,通过串联或并联方式组合而成的复杂模型,而元件组合模型的研究,通常与试验是结合在一起的。如韦立德等通过实验建立了新的一维黏弹塑性本构模型;金丰年等提出了非线性黏弹性模型;陈沅江提出了蠕变体和塑性体两种非线性元件,并建立了一种可描述软岩复合流变力学的新模型;夏才初等利用岩石的三轴卸载围压的蠕变试验,确立了单一的三维元件组合模型所不能反映的应力路径对材料的影响,而且通过描述卸载应力下材料的整体变形与时间的关系,说明了卸载条件下的三维黏弹性模型的合理性;康永刚等利用黏性元件,构造出一系列非定常模型,用这些非定常的模型来求解微分型的本构方程;郭佳奇等利用 FC(含分数阶导数的力学)元件导出分数阶微积分的 Kelvin-Viogt 流变本构模型,且改模型比以往流变模型有更高的拟合度;陈文玲等利用 5 个 Kelvin 模型、一个 VP 体串联的方式得到黏弹性的蠕变混合模型,该模型更加精确地描述云母石英片岩的衰减蠕变;范庆忠等利用损伤变量和硬化变量相结合的方式,建立了能描述软岩蠕变三阶段的非线性蠕变模型。

（3）损伤断裂流变模型

随着断裂力学、损伤力学、断裂损伤力学的不断发展,损伤、断裂流变模型在软岩、硬岩等岩石力学流变中的应用也随之发展起来。近年来,岩体断裂损伤流变模型在岩体流变的研究中取得了不少成果。袁建新从岩体损伤的微观和宏观两个方面着手,以损伤力学作为基础,提出了岩体韧性、脆性、疲劳及其蠕变条件下的损伤演变本构方程;王来贵等采用软岩蠕变加速过程中的损伤所对应的特征,编写了有限元程序来模拟软岩的损伤过程;张尧等从试验角度出发,指出在复杂的应力路径条件下,岩石的非线性流变模型的研究是一个有待解决的问题;朱昌星等用时效损伤和损伤加速建立了一个能反映岩石蠕变全过程的非线性蠕变损伤模型,这种模型对不同应力条件下岩体蠕变三阶段的损伤都能很好地描述;冶小平等为了考虑材料微观损伤对加速蠕变的影响,将岩体损伤因子引入西原体流变方程中,使其能更好地解释软岩材料蠕变的本质,使软岩的蠕变特性更符合实际。

（4）内时模型

内时理论最早由瓦纳尼斯于 1971 年正式提出,他认为塑性材料、黏塑性材料的任意一点的现时应力状态是该点邻域内整个变形和温度历史的泛函数,而该历史是用变形中材料特性和变形程度的内蕴时间来决定的。通过对用内变量表征的材料内部结构,使其内部组织的不可逆变化必须满足热力学的约束条件,从而得出内变量的变化规律,最终给出显式的本构方程。内时模型的应用在国内外研究中都比较少,Bazant 最早将内时理论推广应用到混凝土和岩石材料上;胡亚元从经典的塑性增量理论出发,采用塑性因子作为材料变化的塑性时间,提出了小应变下能比较好地拟合循环荷载作用下的内时模型。

（5）黏弹塑性模型

一般情况下,把既有弹性又有黏性的材料称之为黏弹性材料。蠕变是岩土工程中比较受重视的问题,而在具有黏弹性材料的蠕变中,岩土体材料的总体变形,视为是瞬时弹性变形与流变应变(主要是蠕变变形)二者之和。由于这一模型在数值分析中使用非常方便,因此,国外很多学者都对这一模型进行了不同的深入研究。如 Cristescu 通过对饱水、干燥砂岩及盐岩进行试验,也寻找弹黏塑性模型(Cristescu 模型)的使用范围;而 Jin 等用盐岩、Dahou 等以石膏材料为原料制成试件来进行试验研究;Maranini 等是利用花岗岩来进行试验,主要都是为了探讨弹黏塑性模型(Cristescu 模型)在岩土材料中的适用性。

5) 膨胀岩的膨胀-蠕变耦合试验研究

由于国内外对膨胀岩这一特殊软岩的膨胀-蠕变耦合试验研究非常少,以下主要以软岩蠕变(流变)现状进行分析。

叶源新等通过岩石渗流应力耦合特征的 3 种方法的研究,展望了岩石渗流应力耦合的发展方向;阎岩等利用原有试验设备,研制出一套新的渗流-流变耦合试验仪器,用多空隙石灰岩作为试验材料,得出了不同应力和水压作用下多空隙石灰岩的流变力学特性;丁志坤等在页岩蠕变试验数据的基础上建立了一维情况下非定常黏弹性模型的蠕变方程;朱定华等通过对南京红层软岩的流变试验得出长期强度是其单轴抗压强度的 63% ~70% ;陈宗基等对宜昌砂岩进行扭转蠕变试验,指出蠕变和封闭应力是岩石性状中的两个基本因素;蒋刚等提出以等效凝聚力计入土体吸力;Pejon研究了膨胀性泥岩的变形对膨胀力的影响;Ng C 等研究了各种降雨情形和初始条件对暂态渗流和斜坡稳定性的影响;周翠英等和王贤能等通过室内岩样试验等研究了膨胀与流变的耦合作用性质;程强等和程东幸等对软弱夹层及滑带土进行了流变试验;卢爱红等利用湿度和温度应力场的控制微分方程的联系,推导出用湿度应力场来解决温度应力场的问题,并且得出在不同支护条件下的膨胀岩围岩遇水作用之后的应力与变形的理论依据;詹志雄等利用折减吸力总结出膨胀岩土体的膨胀屈服概念,并以此作为基础,最终推导出能描述膨胀岩土体湿度应力场,且可以进行耦合求解的控制方程;杨建平等利用自己研制的三轴仪对白山组大理岩进行渗透性试验,试验结果表明,自行研制的三轴仪可以同时满足温度-应力-渗流耦合的实验要求;李术才等抓住流固耦合试验的不足,自行研制了新型的组合式三维流固耦合试验仪器,以该系统对巷道的涌水进行了模拟实验,表明新型的组合三维流固耦合试验仪具有可靠的稳定性;孙国亮等采用自行研制的堆石料风化试验仪,这种新型的仪器能很好地实现岩体材料的干湿、冷热和应力 3 方面的控制,同时也能在受荷堆石料的湿冷干热-耦合循环的耦合中起到良好的作用;张杰等在固体模型的基础上,自行研制了"固-液"模型,这种模型能很好地解决对固体材料遇水崩解的问题,同时也可解决不同介质材料相似比的耦合;肖宏彬等利用南宁膨胀土的固结-蠕变耦合试验,分析了非饱和膨胀土的固结-蠕变变形的特点,在此基础上推导出了对数形的固结与蠕变相耦合的本构方程;夏才初等利用自行研制的岩石节理剪切-渗流耦合试验机对碧江水电站的岩样进行室内试验,表明自行研制的试验机不但操作方便,而且能很好地满足节理剪切-渗流耦合的试验要求;李军世采用 Mesri 应力、应变和时间的关系函数来描述黏土的耦合效应,得出用函数关系得到的结果与室内试验结果具有很好的一致性;熊军民等利用应变、应力控制式的三轴蠕变试验仪来确定岩体材料的长期强度,并以此作为基础,提出了常规剪切与单级耦合试验相结合的试验方法,这种试验能更好地应用于岩土材料中。

6)流变(蠕变)本构模型的程序 FLAC 二次开发研究现状

由于软件本身所提供的本构模型往往不能满足工程实际数值分析的需要,国内外不少学者采用 FLAC 或 FLAC3D 的自定义模块和 FISH 语言,进行二次开发,以延伸该软件的应用范围。D. F. Malan 等提出了一个流变软化弹-黏塑性模型,加入 FLAC 中,用于分析南非某金矿矿井开挖后的硬岩流变行为。E. Boidy 等将 Lemaitre 黏塑性模型加入 FLAC 中,对瑞士的一个有蠕变行为的隧道围岩作了反分析。Dragan Grgic 等提出一个反映铁矿岩石硬化软化行为的弹塑性模型和一个描述延迟体积膨胀的 Lemaitre 黏塑性蠕变模型,并加入 FLAC 中,进行了巷道开挖问题短期和长期的力学行为分析。

王贵君等提出了一个与材料活能、气体热力学常数、绝对温度有关的指数公式为盐岩的蠕变模型,将该模型加入 FLAC3D 中实施了数值分析。徐平等对 FLAC3D 的黏弹性模拟功能进行了开发,采用 FLAC3D 内嵌功能较强的 FISH 语言和 FLAC3D 的相关命令,研制了广义 Kelvin 模型的接口程序。褚卫江等将西原流变模型加入 FLAC3D 中,并通过一个简单的算例验证了程序编制的正确性与可靠性。徐卫亚等结合所提出的河海模型,研制了岩石非线性流变数值程序,对锦屏一级水电站坝基岩石工程进行三维流变数值模拟。刘建华研究提出了岩体流变力学分析的改进拉格朗日方法,给出了黏弹、黏塑性流变行为分析的主要计算公式和计算过程,对工程岩体流变分析常用的几个本构模型,编制了计算程序模块。谢秀栋在土的弹塑性模型基础上,引入滞后塑性变形的概念,发展了一个描述流变性软土蠕变特性的弹黏塑性模型。依据 FLAC3D 所提供的二次开发程序接口,实现了弹黏塑性本构模型在 FLAC3D 软件中的开发,并对侧向卸荷试验进行数值模拟,最后与 FLAC3D 内置的修正剑桥模型的计算结果作比较,验证模型的正确性与可行性。

张强勇、杨文东等建立了一个变参数的蠕变损伤本构模型。该模型将岩体流变力学参数看作是非定常的,认为岩体流变参数随时间逐渐弱化,从而直观反映材料的损伤劣化过程,推导出了该蠕变损伤本构模型的三维差分表达式,并通过 C++ 与 FISH 编程对有限差分软件 FLAC3D 进行二次开发,实现本构模型的程序化。将该模型应用于大岗山水电站坝基边坡工程,基于现场压缩蠕变试验,反演坝区岩体的蠕变损伤参数,通过对坝区边坡开挖三维蠕变损伤稳定性计算,获得对边坡开挖设计和施工具有指导意义的建议和结论。

1.2.2 大跨度隧道施工技术研究现状

（1）大跨度隧道建设的现状

随着经济的发展和日益增加的交通量的需求,国内外都比较重视大跨度公路隧道的建设。走在技术前列的国家有瑞典、挪威、奥地利、日本和韩国等。日本的第二布引隧道,分叉段从两车道变化到四车道,最大开挖宽度达 24 m;日本近期规划的三车道公路隧道,其开挖宽度可达 23 m。韩国在汉城高速公路扩建中出现了四车道高速公路大跨度隧道,其中最早完工的是 1992 年开始建设的清溪隧道,净宽为 17.94 m,拱高为 9.785 m,采用三心圆扁平拱式断面。在过去的 30 年里,一些国家在大跨度扁平公路隧道建设中积累了丰富的施工经验。

随着新奥法的引进和施工技术的成熟,我国大跨度隧道的设计和施工进入了一个建设高峰。修建的三车道公路隧道,如南京的中山门隧道,广东的大宝山隧道、白云山隧道、靠椅山隧道、虎背山隧道、白花山隧道,北京的石佛寺 1～3 号隧道、潭峪沟隧道、八达岭隧道等,以及重庆市的铁山坪隧道、真武山隧道、三王岗隧道、歪嘴山隧道,还有安徽省的长坞岭隧道、长干 1 号隧道、长干 2 号隧道、竹下隧道等。一些地方甚至出现了四车道隧道,如贵州凯里市大阁山隧道,最大开挖宽度 21 m;广州的龙头山隧道,隧道净宽 17.5 m;辽宁沈大高速公路韩家岭隧道,其开挖宽度为 21.24 m。这些大跨度、特大跨度隧道的出现,也说明了我国隧道的修建技术已经上了一个新台阶。

然而,我国大跨度隧道起步较晚,从修建技术上来看,与技术发达国家还有较大差距。主要表现在,初期没有认真考虑和研究施工方法与衬砌结构之间、结构的受力特点和地质适应性的关系;施工方法单调、衬砌过厚,有时厚达 2 m 以上;在断面拟定上,净空过高,拱部富裕量较大,另外,过于强调二衬的作用,对初期支护的作用认识不足。

（2）大跨度隧道施工技术发展现状

隧道施工技术一直以来就被人们重视,可以说是起步早、实用性强、应用范围广的工程技术。随着现代支护理论的建立,在此基础上出现了新奥法、挪威法、浅埋暗挖法等有效的施工方法;用现代技术装备的掘进机和盾构机能适应从坚硬岩层到软弱含水地层的各种掘进条件,其可靠性、耐久性、机动性及掘进的高速度,使其在隧道工程施工中得到日益广泛的应用;冲击钻头的改进及全液压钻孔台车的出现,大能力装渣、运渣设备的开发,新型爆破器材的研制及爆破技术的完善,改善围岩条件及支护技术的进步等,极大地改善了施工环境,提高了掘进速度,使钻孔爆破法的掘进技术得到更新;水底沉埋隧道施工技术的发展为穿越江河、海湾提供了新的有效手段。

1984 年建成的日本横跨津轻海峡的青函隧道（长 53.85 km）和 1991 年建成的英

法海峡隧道(长 50.50 km),无论从工程规模、复杂性,还是在应用新技术方面,都代表着目前世界隧道施工的领先水平。

我国自 1888 年在台湾修建的第一座铁路隧道——狮球岭隧道开始,一直在追求技术上的改进。一个多世纪以来,我国隧道修建技术的发展大体上可以分 3 个阶段:

①1888—1949 年,由于国内处于半殖民地半封建社会,经济落后,基础建设受外国控制,建成的隧道不多,技术方法也较落后。基本上是人力开挖、手工操作,机具简单,没有一个固定的专业技术队伍。这段时期建成的隧道长度超过 3 km 的仅 3 座。

②20 世纪 50—70 年代,是我国隧道事业发展的起步阶段。在这一阶段,国家十分重视隧道建设专业队伍的组建,逐步制定了隧道勘测设计、施工规范和隧道建筑限界标准,编制了一些隧道建筑标准设计图。隧道施工也从以人力为主转入中、小型机械施工,是我国隧道技术有较大发展的时期。

③20 世纪 80 年代以来,最典型的施工技术进步当推"新奥法"的引进和推广。新奥法(NATM)的创立,给隧道工程实践的科学化和技术经济的合理化带来了根本性的变革,很快受到了国内隧道工程界的广泛重视并被推广应用。新奥法的适用范围广,经济、快速、安全适应性强,能有效地控制地表下陷量,施工有较大的灵活性,适宜于做防水夹层。

不仅仅是施工理念出现了变化,施工机械也出现了较大发展。随着盾构掘进机和 TBM 的引入,我国隧道修建技术也进入了机械化的行列。正是这些技术的进步,给我国修建大跨度、超大跨度隧道奠定了基础。

(3)大跨度隧道研究概况

随着大跨度隧道的发展,北欧和日本等隧道技术处于领先地位的国家已把大跨度隧道的修建技术列为重大研究课题予以实施,如日本以第二东名神高速公路的建设为依托,从 20 世纪 90 年代初开始系统地对大断面公路隧道修建技术关键问题进行大规模的研究工作。目前,大断面隧道研究工作已取得一定的成果,并逐步走向标准化、系统化的道路。相比较,国内在研究水平上总体落后于国外,主要表现在:由于岩石的物理力学特性及隧道工程地质条件相当复杂,再加之国内在勘测设计上无统一规范,因此在大跨度扁平公路隧道的施工上千差万别。目前,国内还极少有关于大跨度扁平公路隧道施工力学、断面结构、施工方法、支护衬砌工艺等的研究。

目前,国内从事隧道与地下方向研究的高校和科研单位已经开始重视对大跨度隧道施工的研究。

姚明会探讨了软弱围岩浅埋暗挖大跨度地铁隧道的施工技术:采用双侧壁导坑法施工,将大断面隧道开挖分成几个小断面开挖,将大断面隧道衬砌分成几部分衬砌。施工中做到"短进尺、早支护、勤量测、速反馈",保证了结构安全,成功解决了工期紧张、工艺复杂、互相干扰大、地表沉降控制、微震爆破等难题。

朱亮来针对软弱围岩浅埋大跨度隧道,对微台阶法和双侧壁导坑法的优越性进行了综合比较、分析,认为采用微台阶施工可以有效地控制超挖,并减少对围岩的破坏影响。加上初期支护的及时性,有效地控制了围岩变形,为二次衬砌打下了良好的基础。

郝哲等通过对大跨度隧道施工中的开挖变形、稳定监测和主动控制等问题进行了探讨,剖析了最合理的围岩应力和变形特征,分析了一次支护的受力特征及最合适的二次衬砌时机,对主动控制的思想进行了完善;在对金州四车道隧道现场监控量测的基础上认为,单纯孤立地使用计算方法或单纯经验方法都不能取得满意的效果。

宫建刚通过对靠椅山隧道穿越断层破碎带的成功处理,总结得出:在通过断层破碎带时,采用预注浆辅助小管棚超前支护,不仅可以加快施工进度,还可以减少围岩超挖;加强施工中的监控量测,可以通过监控量测数据及时反馈修正支护参数来适应不同围岩的变形要求,保证施工安全。

张崇栋通过对京珠高速公路靠椅山隧道塌方处理总结,得出大跨度隧道大型塌方的处理方案是:先处理陷穴,采用注浆挂网喷混凝土稳定陷穴边坡,再多次深孔注浆加固稳定塌方漏斗松散体。进行洞内施工时,采用超前小导管辅助施工,用双侧壁导坑开挖,开挖后立即进行初期支护,初期支护后立即进行二次衬砌。

吴梦军等利用"公路隧道结构与围岩综合实验系统(CTSSSRH)",对特大断面隧道在不同施工方法下的施工动态过程进行物理模拟,研究特大断面隧道围岩位移、变形等发展规律,提出特大断面隧道合理的施工方法。

黄生文等运用FLAC2D建立数值计算模型,通过验证双侧壁导坑开挖方式,分析隧道开挖且支护后最终的围岩位移、应力以及初期支护内力,确定了双侧壁导坑是适合该类地质条件下大断面隧道的开挖施工方法,为以后类似的大跨度隧道的设计和施工提供了参考。

雷震宇等通过对浅埋大跨度隧道临时支撑的拆除分析,利用增量法对大跨度隧道临时支撑拆除过程中初支结构内力的变化规律进行了研究,分析了拆撑顺序对不同断面尺寸的大跨度隧道内力变化的影响,确定合理的拆撑方案;通过三维拆撑计算,确定了纵向一次性拆撑长度。

王海珍等针对大跨度隧道开挖跨度大、高跨比小、埋深浅和容易产生塌方的特点,分析了不同级别围岩开挖后隧道的稳定特性,提出了不同级别围岩地段隧道开挖的施工方法,并选择了典型断面对直接反映隧道稳定性的拱顶下沉进行了监测,用其指导施工,保证了隧道施工安全。

肖林萍等以京珠高速公路旦架哨单拱大跨度隧道信息化施工为例,现场监控量测针对锚杆轴力、围岩应力及型钢内力等,再结合地面地质调查和隧道洞内地质观察等,通过数据采集、处理和反馈,建立了隧道信息化施工地质灾害预报流程与模型,成功地对重大地质灾害进行了预报,使隧道工程的设计和施工运作纳入科学的动态管理中,保证了隧道施工的安全。

刘庆仁结合八达岭高速公路潭峪沟三车道隧道,选取有代表性的断面进行钢格栅钢筋应力、初期支护混凝土应力的监测,得出了各类围岩支护内力的变化规律、稳定时间,并依此进行计算反分析,得出围岩的物理力学参数,并将监测和反分析结果及时反馈给设计与施工,与设计时选用的参数进行对比,不断调整支护参数及施工方式,并据此提出了三车道大跨度隧道的锚喷支护参数。

1.2.3　偏压隧道研究现状

国内外很多专家学者运用各种方法对偏压隧道进行了大量的研究,主要集中在以下3个方面。

（1）理论分析

易亚滨进行了浅埋、偏压隧道复合式衬砌的相互作用及结构计算的研究,引用有限元分析中的接触单元来计算复合式衬砌在偏压荷载作用下,初期支护和二次衬砌之间的相互作用情况,以及它们各自的受力状况。

杨小礼、李亮、刘宝琛等将影响偏压隧道结构稳定性的因素概括为4个指标,即围岩超欠挖量、隧道稳定性系数、地震烈度和隧道偏压比,然后对每个指标收集若干组原始数据信息,利用原始数据,根据信息优化理论原始数据信息与偏压隧道结构稳定性关系,对结构稳定性进行评价。

舒志乐、刘保县等对偏压小净距隧道围岩压力进行了理论探讨,得出了滑动破裂角、侧压力系数及垂直围岩压力的理论计算公式,分析了隧道间的净距对围岩压力的影响,以及地面倾斜度和净间距对隧道内侧压力系数的影响。

潘洪科等对公路隧道偏压效应及衬砌裂缝进行了研究,从力学角度对裂缝产生的原因及其发展和变化进行了正、反演分析与归纳,并提出了综合处理隧道裂缝的具体措施。

肖明清在谢家杰"浅埋隧道荷载计算原理"的基础上,提出了小净距浅埋隧道围岩压力及侧压力系数的计算方法,并就隧道净距对围岩压力及侧压力系数的影响进行了分析。

王立忠等详细分析倾斜地表下岩体的应力状态,通过分解叠加的等效原理解出一般条件下围岩的二次应力解,并探讨该应力场的特性。结合黄土岭隧道工程将解析值与实测数据进行对比分析,理论分析与实测结果符合良好。结果表明:对于偏压隧道,在距离隧道中心约两倍洞直径远处,应力受扰动很小,其值大小都趋向于原始偏压状态值。对于偏压隧道,也可用两倍洞直径的概念来判断深埋或浅埋。结果还表明:在其他条件相同的情况下,影响隧道围岩应力分布的主要因素有隧道半径、地表倾角大小、距离隧道中心远近等。

（2）模型试验

钟新樵等以宝中线老头沟隧道为原型进行了土质偏压隧道衬砌模型试验,通过试验表明：土质隧道形成偏压不仅与围岩状况、地表坡率、覆盖厚度有关，还与洞室尺寸、形状与施工方法有关。

王兵、谢锦昌等结合模型试验和理论分析，在国内首次对偏压隧道开挖产生松动荷载的塌落范围、地表裂缝、松动土体力学行为、荷载统计特征及偏压隧道衬砌结构可靠度进行了分析研究。

周晓军等从理论分析和模型试验两个方面对地质顺层偏压隧道的围岩压力进行了研究，推导出了围岩压力的计算方法，并根据试验测量数据得出了围岩压力的变化规律。

（3）数值模拟

杨峥通过系统深入的理论分析及数值分析计算，探索了连拱隧道基本受力规律，得出在地形偏压条件下，不同的围岩类别、埋深和地面坡度对连拱隧道的内力的影响是不同的；不同的偏压参数的变化对结构相同部位的力学行为的影响也是不同的，因此有必要对所有不同偏压参数条件下的隧道力学行为作对比性的分析研究。

袁海清针对常张高速公路关口垭软弱泥质页岩的特点，采用三维有限元数值计算方法，分析了浅埋偏压隧道围岩受力特征、隧道洞室及围岩的稳定性，从而为软弱质页岩隧道工程的修建提供依据和积累经验。

李育枢等用动力有限元法研究了偏压隧道洞口横向边坡在水平地震、垂直地震及水平和垂直地震同时作用下的全过程动力反应规律。在动应力计算结果的基础上，叠加静应力场，分析3种工况下最危险滑动面的动力安全系数过程，并采用平均动力安全系数法和地震永久性变形，评价洞口横向边坡的地震动力响应分析及稳定性评价模型。

杨小礼、眭志烈采用双侧壁导坑法，对浅埋小净距双洞六车道偏压公路隧道在不同开挖顺序下进行施工力学数值模拟。分析不同开挖顺序时的围岩位移、应力、地表位移以及塑性区的变化，并进行比较。数值模拟结果表明：先开挖深埋一侧隧道，围岩塑性区较小，左洞拱顶不会出现围岩拉裂区，右洞拱顶塑性区较小；先开挖各洞外侧，拱顶和中间岩柱的应力、位移较小；后行隧道开挖对先行隧道围岩的受力变形有很大影响，后行隧道开挖导致先行隧道洞周位移和应力大幅度增加；中间岩柱、侧墙和拱顶均是施工中应重点关注的部位。

胡元芳应用有限元数值计算方法对小线间距双线隧道围岩稳定进行了详细计算，得出小线间距城市双线隧道最小净距的参考值，并对厦门仙岳隧道进行了围岩稳定性计算。

靳晓光等结合净距4.1 m、偏压25°的公路隧道工程实践，通过二维、三维弹塑性有限元数值仿真模拟，分析了隧道开挖顺序对围岩破坏接近度、围岩变形位移以及对空间围岩体塑性破坏和位移的影响，得到先开挖浅埋侧隧道优于先开挖深埋侧隧道的结论，指出小净距偏压隧道合理开挖顺序对隧道围岩稳定和支护措施优化有很大影响,为小净距偏压隧道优化设计和施工提供了科学依据。

王立川等以聚卜路吕家坪隧道偏压段为例,通过对围岩-支护系统的机理分析,结合工程实践的效果,对偏压隧道的设计提出了一些看法和建议。建议偏压地段初期支护应强调其系统刚度,规避变形、松驰;不宜过分强调早衬砌,而应着眼于快速和刚度足够的初期支护;同时也可采用偏压地段地表注浆,以加固隧道上覆岩层,起到岩桥的作用。

汪东明等根据夹坑隧道右洞进口位于软弱、偏压不良地质地段,施工过程中明洞地段发生了塌方,并影响了暗洞施工现场的实际情况,及时调整设计方案,对隧道地表进行了导管注浆加固,并对暗洞支护措施进行了相应调整,增加了防偏压措施,顺利通过了软弱、偏压地段,并对设计、施工措施及施工工艺、方法作了较为详细的介绍。

陶伟明以二郎山隧道出口端的严重偏压段为研究实例,介绍了浅埋偏压地段坡体稳定性评价及病害整治措施,推导出了浅埋偏压段外侧覆土稳定性的计算公式,对浅埋偏压段外侧围岩弹性抗力的合理确定及外侧覆土稳定性与弹性抗力之间的联系进行了探讨。

1.3　本书的内容安排

本书共分 8 章,包括凝灰质粉砂岩基本力学特性试验、非线性黏弹塑性本构模型、蠕变模型的推广及程序化,以及凝灰质粉砂岩隧道围岩压力及变形、施工技术、施工力学行为、支护结构力学特性现场试验等。

第 1 章介绍了课题的研究意义以及国内外的研究现状。

第 2 章主要对凝灰质粉砂基本力学特性进行试验研究,包括其物理力学特性、单轴蠕变特性、单轴和三轴压缩试验。

第 3 章主要对凝灰质粉砂岩隧道围岩压力及变形进行了理论分析。

第 4 章提出了凝灰质粉砂岩非线性黏弹塑性本构模型。

第 5 章对复杂应力条件下凝灰质粉砂岩蠕变模型的推广及程序化进行了研究。

第 6 章提出了适用于凝灰质粉砂岩大跨隧道施工技术——分部导坑法。

第 7 章利用有限差分法对凝灰质粉砂岩大跨隧道施工力学行为进行了模拟研究。

第 8 章对浅埋偏压大跨凝灰质粉砂岩隧道支护结构力学特性进行了现场试验。

第2章
凝灰质粉砂岩基本力学特性试验

只有对岩石的性质,尤其是力学及变形性质的充分理解,才能对岩石工程作出经济可行的设计和施工。迄今为止,岩石的室内力学实验研究仍是分析隧洞围岩力学性质的主要方法,是工程设计与施工的主要依据之一,也是实施岩石地下结构的前提。岩石的室内试验除了确定容重、含水率等物理参数外,着重确定岩石的强度、变形特性、流变特性等力学性质。

水是诱发各种工程地质灾害最活跃的载体。地下水对岩土介质产生物理、化学及力学作用可从微细观上改变岩土介质的矿物组成与结构,使其产生空隙、溶洞及溶蚀裂隙等,增加其空隙度,影响其渗透率与孔隙压力,进而改变其强度和刚度等宏观力学性质。所有这些过程都具有很强的时间效应,同时伴随着应力作用下岩体的损伤积累,最终从宏观上影响岩体的流变力学行为。所以,探究不同含水状态下岩石的力学特性就显得十分重要。

2.1 岩石取样与制作

本次室内试验从路湾隧道采集凝灰质粉砂岩,如图 2.1 所示。为了使试验结果具有更好的代表性,岩石试样直接从隧道开挖面采取,取样时对岩石进行层位、方位及受力方向标记,并将岩石粗略加工成块状,以方便运输及实验室岩样钻取。为尽可能保持样品的天然含水量,避免受样品暴露于空气中而发生风化影响,样品表面采用多层食品保鲜膜包裹。为减小样品在运输途中可能发生的损坏,在岩石样品外面包扎多层纸皮,并存放于制作牢固的木箱内,且样品石块之间用木屑和纸皮填充密实,然后装车运输至岩土工程中心实验室。

图 2.1　隧道地质岩性

本文所有试件的加工均依照《工程岩体试验方法标准》(GB/T 50266—2013)(以下简称标准)中的有关条文进行,所有试件均在重庆大学土木工程学院岩土工程中心实验室中制备完成。岩样均加工成直径约为 50 mm、长度约为 100 mm 的圆柱形标准试件。本文所加工试样高度与直径之比为 2.0,符合标准中要求试件高度与直径之比宜为 2.0 ~ 2.5。通过锯石切割机和磨石机对两端进行平整、研磨,如图 2.2、图 2.3所示。试件精度:两端面不平行度误差小于 0.05 mm;沿试件高度,直径的误差小于0.3 mm;试件端面与试件轴线的偏差小于 0.25°。试件加工完成后,剔除表观上有裂纹、层理和条纹的试件。对剩余试件进行声波测试,筛选出均匀性和一致性好的试件。

图 2.2　切割机切割岩芯端面

图 2.3　磨石机将岩芯端部磨平

2.2　凝灰质粉砂岩基本物理特性

2.2.1　凝灰质粉砂岩物质成分分析

不同矿物组成的岩石,具有不同的抗压强度和其他力学参数。因此,了解凝灰质粉砂岩的矿物组成,对于更深入地探讨其力学特性有着积极的意义。凝灰质粉砂岩的矿物成分分析是用 X 射线衍射粉末法来完成的,即用 X 射线衍射仪进行试验,试验结果可以确定样品的矿物成分。

凝灰质粉砂岩的物质成分分析是在成都理工大学材料与化学化工学院综合试验中心的 X 射线衍射实验室完成的,主要的试验设备为 DX-2700 衍射仪,该设备可以进行物相定性、定量分析、结晶度分析、衍射数据指标化和晶胞参数的测定。该仪器与其他型号的 X 射线衍射仪相比,对人体不产生任何伤害。只有在把仪器舱门完全关闭、仪器自动加锁的情况下,X 光管才能发射 X 射线,且其外部 5 ~ 10 mm 厚的钢板和铅化玻璃仪器外壳能将 X 射线完全屏蔽,不产生辐射污染。其主要技术参数:功率≤4 kW;管电压为 10 ~ 60 V;稳定度≤0.01%;扫描速度为(0.001 2 ~ 70)°/min;角度重现性为 5/10 000°;角度范围为 6° ~ 160°;最小步长 1/10 000°;探测器的最大线性记数率为 5×10^5 cps。

将凝灰质粉砂岩制成颗粒很小的粉末状试样约 10 g,装入试样样品袋中,将凝灰质粉砂岩粉末装入样品测试凹槽片,压密、压实后放入 DX-2700 型衍射仪中。

设置好仪器参数后,开启试验仪器,X 射线衍射仪自动控制衍射仪系统做连续扫面,同时计算机进行数据采集。将 X 射线发生器对岩样粉末产生的衍射谱进行图谱对比、图谱加减、图谱合并,并对采集的数据进行处理得出岩石成分,如图 2.4 所示。

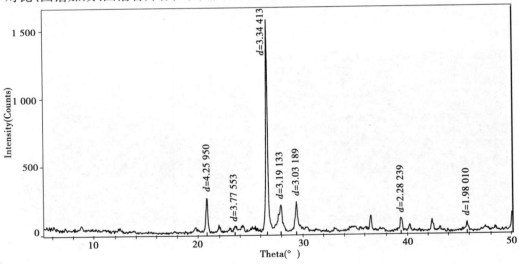

图 2.4　凝灰质粉砂岩 X 射线衍射图谱

根据凝灰质粉砂岩 X 射线衍射图谱,并对数据进行分析得到凝灰质粉砂岩的成分组成表,如表 2.1 所示。

表 2.1　凝灰质粉砂岩矿物成分含量表

实验条件:CuKa,Ni 滤光					
矿物成分	伊利石	绿泥石	石英	斜长石	方解石	黄铁矿
含量/%	9	5	50	19	15	2

由试验结果可知,凝灰质粉砂岩主要由伊利石(9%)、绿泥石(5%)、石英(50%)、斜长石(19%)、方解石(15%)和黄铁矿(2%)构成。

2.2.2　凝灰质粉砂岩含水量及密度试验

首先选取一组标准试样(ϕ 50 mm × 100 mm)进行天然含水率试验。本文使用烘干法测定岩样的初始含水率 ω_0。岩石的含水率,即含水量,其定义为岩石在烘干过程中蒸发掉的水分质量与烘干至质量不再变化的干质量之比,并用百分数表示:

$$\omega_0 = \frac{m_0 - m_d}{m_d} \times 100 \tag{2.1}$$

式中　ω_0——天然状态下的含水率;

$\quad\quad$ m_0——试样天然状态下的质量;

$\quad\quad$ m_d——试样烘干后的质量。

凝灰质粉砂岩天然状态下的初始含水率如表 2.2 所示。

表 2.2　凝灰质粉砂岩初始含水率

试样编号	天然状态下的质量/g	烘干后的质量/g	含水率/%	平均含水率/%
1-1	474.82	473.19	0.34	
1-2	476.29	474.57	0.36	0.34
1-3	471.71	470.16	0.33	

取出 16 个试件分为 A,B,C,D 4 个组,每组 4 个试件。B 组 4 个试件作为自然含水状态下的试件。将 A 组 A-1,A-2,A-3,A-4 用精度为 0.01 g 的电子秤称量其质量并记录下来。将 A,C,D 组共 12 个试件全部放入烘干箱中,设置温度为 105 ~ 110 ℃,烘干 24 h 后关闭烘干箱;当试件在烘干箱中冷却到室温后,取出试件用精度为 0.01 g 的电子秤称其质量;称量完成后,再把试样放入烘干箱中,烘干 6 h。按照上述方法循环 3 次以上或者直至试样的质量变化不大时,认为此时烘干箱中的试件已经达到干燥状态($\omega = 0\%$),记录下 A 组试件烘干后的质量。以此来计算 B 组凝灰质粉砂岩自然状态下的含水率数值。

将 C,D 两组试件放入适当大小的容器内,使试样逐步浸水。首先淹没试样高度的 1/4,然后每隔 2 h 分别升高水面至试样的 1/2 和 3/4 处,6 h 后全部浸没试样,使 C 组试样在水下自由吸水 2 h 后取出,称量其质量并计算出其含水率数值,将 C 组试件作为不饱和含水状态下的试件。

通过上述步骤,使 D 组试件在水下自由吸水 48 h 后,采用沸腾法使 D 组试件强制饱和,即将 D 组试件放入沸腾的沸水中,煮沸 12 h。随后取出试件,擦干其表面的水分进行称重,并记录其数值,计算出 D 组状态下的含水率。将上述步骤得到的凝灰

质粉砂岩的物理参数记录到表中,如表 2.3 所示。含水率应按下式计算:

$$\omega = \frac{m_0 - m_{\mathrm{s}}}{m_{\mathrm{s}}} \times 100 \qquad (2.2)$$

式中　　ω——岩石含水率,%;

　　　　m_0——试件烘干前的质量,g;

　　　　m_{s}——试件烘干后的质量,g。

表 2.3　凝灰质粉砂岩主要物理性质参数

岩样编号		试件质量/g	烘干质量/g	含水率/%	平均含水率/%
A 组干燥状态下	A-1	512.70	510.61	0.403 7	0.408 1 (此数据实为 B 组自然含水率,而 A 组含水率为 0)
	A-2	511.32	509.27	0.400 9	
	A-3	512.46	510.33	0.415 6	
	A-4	511.83	509.72	0.412 2	
B 组自然含水率状态下	B-1	—	—	—	0.41
	B-2	—	—	—	
	B-3	—	—	—	
	B-4	—	—	—	
C 组有水状态下	C-1	478.65	475.12	0.737 5	0.75
	C-2	478.12	474.85	0.683 9	
	C-3	481.71	477.93	0.784 7	
	C-4	479.65	475.87	0.788 1	
D 组饱和水状态下	D-1	477.34	472.89	0.932 2	1.04
	D-2	476.47	471.92	0.954 9	
	D-3	479.64	473.93	1.190 5	
	D-4	477.63	472.51	1.072 0	

注:A 组的含水率实为 B 组的含水率。

单位体积(包括空隙)岩石的质量即为岩石的密度。天然密度是岩石在自然界中的密度;干密度是指岩石中水分被蒸发掉后的密度;饱和密度是指岩石中的孔隙全部被水注满后的密度。表达式分别如式(2.3)、式(2.4)、式(2.5)所示。

天然密度:　　　　　　　　$\rho = \dfrac{m}{V}$ 　　　　　　　　(2.3)

干密度:　　　　　　　　　$\rho = \dfrac{m_{\mathrm{d}}}{V}$ 　　　　　　　　(2.4)

饱和密度：
$$\rho_{sat} = \frac{m_{sat}}{V}$$
(2.5)

式中　ρ, ρ_d, ρ_{sat}——岩石的天然密度、干密度和饱和密度，g/cm^3；

m, m_d, m_{sat}——岩石的天然质量、干质量和饱和质量，g；

V——岩石的体积，cm^3。

选取 A,B,D 组试块，得到凝灰质粉砂岩的 $\bar{h}, \bar{D}, m, m_d, m_{sat}$ 值，结果如表 2.4 所示。

表 2.4　岩石的各参数指标

试样编号	1-1	1-2	1-3
试样平均高度 $\bar{h}/mm$	99.92	100.30	99.70
试样平均直径 $\bar{D}/mm$	50.03	50.28	49.71
试样的天然质量 m/g	474.82	476.29	471.71
试样的干质量 m_d/g	473.19	474.57	470.16
试样的饱和质量 m_{sat}/g	475.82	476.95	472.88

根据表 2.4 中试样的各参数指标，利用式(2.3)、式(2.4)和式(2.5)计算试样的天然密度、干密度和饱和密度。计算结果如表 2.5 所示。

表 2.5　试样的天然密度、干密度和饱和密度

试样编号	1-1	1-2	1-3
试样的天然密度 $\rho/(g \cdot cm^{-3})$	2.418	2.393	2.439
试样的干密度 $\rho_d/(g \cdot cm^{-3})$	2.410	2.384	2.431
试样的饱和密度 $\rho_{sat}/(g \cdot cm^{-3})$	2.424	2.396	2.445

根据表 2.5 可以看出，凝灰质粉砂岩的天然密度为 $2.393 \sim 2.439$ g/cm^3；干密度为 $2.384 \sim 2.431$ g/cm^3；饱和密度为 $2.396 \sim 2.445$ g/cm^3。

2.3　不同含水条件下凝灰质粉砂岩直剪试验研究

岩石在剪切力的作用下表现出一种抵抗破坏的能力，即岩石的抗剪强度；内摩擦角 φ 和黏聚力 c 常被作为描述这种抵抗能力大小的参数。为更加全面地了解凝灰质粉砂岩的抗剪强度 τ、内摩擦角 φ 和黏聚力 c 等力学参数与浸水时间及含水率之间的关系，进行了凝灰质粉砂岩在不同泡水时间后的直剪试验，并研究以浸水时间 t 为参量来阐述的 Mohr-Coulomb 准则。

2.3.1　试验方法及操作

选取规格为 $\phi50$ mm × 50 mm 凝灰质粉砂岩试样 20 个,以干燥及浸水时间为 4 h、12 h、24 h 和 360 h 的 5 种浸水时间状态分组,每组岩样 4 个,分别进行法向应力为 1 kN、2 kN、3 kN 和 4 kN 的直剪力学试验。

在放入岩样前,首先选择与岩样尺寸相适应的剪切环放置在剪切盒内,为获取更精确的参数,调整垫块的高度让岩样中与剪切缝在同一水平面。然后,将传递轴力的铁块放置在岩样顶部。通过压力表施加轴力到预定值,将记录水平位移的百分表通过磁铁吸附在剪切仪上并将表针归零。最后,通过液压表分级施加水平方向的剪力,直到岩样破坏,记录下此时位移量和剪力。

法向应力和剪应力计算公式:

$$\sigma = \frac{P}{A} \tag{2.6}$$

$$\tau = \frac{Q}{A} \tag{2.7}$$

式中　σ——法向应力,MPa;

$\quad\quad\tau$——剪应力,MPa;

$\quad\quad P$——法向荷载,N;

$\quad\quad Q$——剪切荷载,N;

$\quad\quad A$——剪切面积,mm^2。

2.3.2　试验结果及分析

1)吸水性试验结果及分析

在直剪试验前,首先要对凝灰质粉砂岩岩样进行不同浸水时间下的自然吸水性试验,主要是通过改变岩样不同浸水时间的办法来实现对含水率的控制,试验方法参照 2.2.2 节。试验试样尺寸、质量和含水率数据如表 2.6 所示。

表 2.6　试验试样尺寸、质量和含水率

岩样编号	浸水时间/h	干燥状态下的质量/g	吸水状态下的质量/g	直径 D/mm	高度 H/mm	表面积 S/mm^2	含水率/%	平均含水率/%
A2-1		240.08	—	50.44	50.44	1 997.192	—	
A2-2	干燥	236.88	—	50.12	50.12	1 971.931	—	
A2-3		236.50	—	50.06	50.18	1 967.213	—	—
A2-4		239.04	—	50.48	49.86	2 000.361	—	

续表

岩样编号	浸水时间/h	干燥状态下的质量/g	吸水状态下的质量/g	直径 D/mm	高度 H/mm	表面积 S/mm²	含水率/%	平均含水率/%
B2-1		248.30	248.75	51.08	51.08	2 048.196	0.182	
B2-2	4	247.94	248.49	50.82	50.82	2 027.398	0.220	0.201
B2-3		244.72	245.20	51.02	49.98	2 043.387	0.195	
B2-4		238.31	238.80	50.06	50.54	1 967.213	0.208	
C2-1		234.74	235.46	49.78	49.78	1 945.268	0.303	
C2-2	12	233.27	234.04	49.58	49.58	1 929.668	0.331	0.317
C2-3		236.62	237.36	50.66	48.96	2 014.652	0.311	
C2-4		235.83	236.59	50.08	49.92	1 968.785	0.324	
D2-1		228.59	229.51	49.44	49.44	1 918.786	0.401	
D2-2	24	237.56	238.56	49.94	49.94	1 957.793	0.421	0.411
D2-3		237.14	238.10	49.84	50.42	1 949.96	0.405	
D2-4		238.44	239.44	50.10	50.38	1 970.358	0.419	
E2-1		242.05	243.39	50.54	50.54	2 005.119	0.552	
E2-2	360	240.32	241.68	50.32	50.32	1 987.700	0.568	0.560
E2-3		239.73	241.08	50.18	50.22	1 976.655	0.564	
E2-4		237.69	239.00	49.92	49.96	1 956.225	0.554	

　　根据表 2.6 中岩样平均含水率随浸水时间下的变化关系,绘制曲线如图 2.5 所示。由图 2.5 可知,凝灰质粉砂岩的平均吸水率在浸水时间 50 h 内上升显著,50 ~

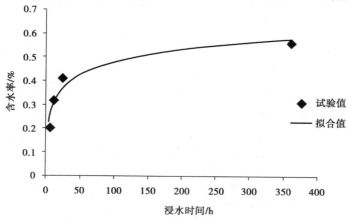

图 2.5　剪切岩样平均含水率随浸水时间的变化关系

200 h平均吸水率也在上升,200 h过后逐渐平稳,360 h左右岩样平均吸水率几乎不变。该变化规律和2.2.2节中凝灰质粉砂岩含水率变化情况基本一致。

凝灰质粉砂岩直剪岩样的平均吸水率与浸水时间的关系呈良好的对数函数关系,通过最小二乘法对数线性回归方法对平均含水率与浸水时间进行线性分析,得到以下方程:

$$\omega_a = 0.077\ 5\ \ln(t) + 0.121\ 6 \qquad (2.8)$$

相关系数 $R^2 = 0.953\ 7$。

2)直剪力学参数分析

凝灰质粉砂岩在浸水作用后会影响其力学性质,不同浸水时间下凝灰质粉砂岩的直剪试验结果如表2.7所示,部分试验后的照片如图2.6所示。从表2.7可以分析得到:在相同浸水时间下,随着法向荷载的增加,岩样的剪应力增大。在相同法向荷载下,岩样的剪应力随着浸水时间的增加而降低,最大剪应力出现在干燥状态,最小剪应力出现在浸水360 h。当法向荷载为1 kN时,最大剪应力出现在干燥状态,为28.74 MPa,最小剪应力出现在浸水360 h,为22.04 MPa;当法向荷载为2 kN时,最大剪应力出现在干燥状态,为28.96 MPa,最小剪应力出现在浸水360 h,为22.19 MPa;当法向荷载为3 kN时,最大剪应力出现在干燥状态,为29.23 MPa,最小剪应力出现在浸水360 h,为22.41 MPa;当法向荷载为4 kN时,最大剪应力出现在干燥状态,为29.44 MPa,最小剪应力出现在浸水360 h,为22.54 MPa。

表2.7 凝灰质粉砂岩直剪试验结果

岩样编号	浸水时间 t/h	表面积 S/mm^2	法向荷载 P/kN	正应力 σ/MPa	切向荷载 Q/kN	剪应力 τ/MPa
A2-1		1 997.192	1	0.50	57.40	28.74
A2-2		1 971.931	2	1.01	57.10	28.96
A2-3	0	1 967.213	3	1.53	57.50	29.23
A2-4		2 000.361	4	2.00	58.90	29.44
B2-1		2 048.196	1	0.49	55.50	27.10
B2-2		2 027.398	2	0.99	55.40	27.33
B2-3	4	2 043.387	3	1.47	56.20	27.50
B2-4		1 967.213	4	2.03	54.60	27.76
C2-1		1 945.268	1	0.51	50.30	25.86
C2-2		1 929.668	2	1.04	50.30	26.07
C2-3	12	2 014.652	3	1.49	52.90	26.26
C2-4		1 968.785	4	2.03	52.10	26.46

续表

岩样编号	浸水时间 t/h	表面积 S/mm^2	法向荷载 P/kN	正应力 σ/MPa	切向荷载 Q/kN	剪应力 τ/MPa
D2-1		1 918.786	1	0.52	46.70	24.34
D2-2	24	1 957.793	2	1.02	48.00	24.52
D2-3		1 949.96	3	1.54	48.20	24.72
D2-4		1 970.358	4	2.03	49.00	24.87
E2-1		2 005.119	1	0.50	44.20	22.04
E2-2	360	1 987.700	2	1.01	44.10	22.19
E2-3		1 976.655	3	1.52	44.30	22.41
E2-4		1 956.225	4	2.04	44.10	22.54

图 2.6   凝灰质粉砂岩剪切破坏后的照片

根据表 2.7 凝灰质粉砂岩直剪试验结果,试验数据比较有规律性,采用最小二乘法一元线性回归分析对正应力与剪应力进行线性分析,得到凝灰质粉砂岩在干燥状态,浸水 4 h、12 h、24 h 和 360 h 的曲线关系图,如图 2.7 ~ 图 2.11 所示。

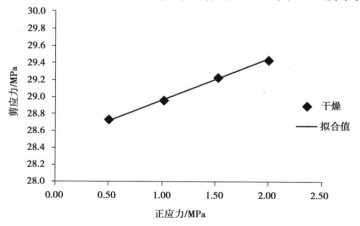

图 2.7   干燥状态下正应力与剪应力曲线关系图

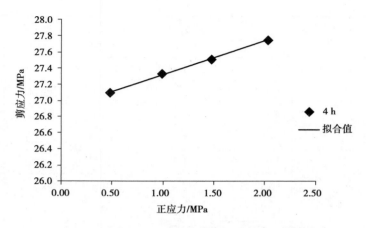

图 2.8　浸水 4 h 下正应力与剪应力曲线关系图

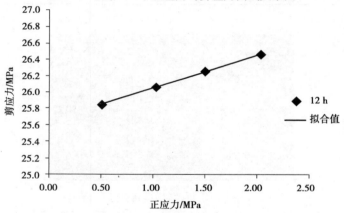

图 2.9　浸水 12 h 下正应力与剪应力曲线关系图

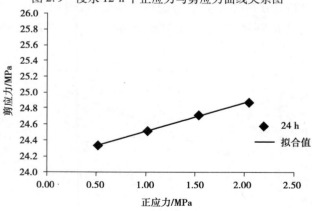

图 2.10　浸水 24 h 下正应力与剪应力曲线关系图

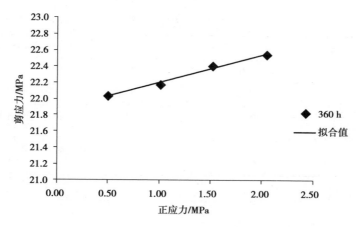

图 2.11　浸水 360 h 下正应力与剪应力曲线关系图

方程式如下：

①干燥状态：

$$\tau = 0.476\,4\sigma + 28.492 \tag{2.9}$$

相关系数 $R^2 = 0.998\,0$。

②浸水 4 h：

$$\tau = 0.420\,7\sigma + 26.897 \tag{2.10}$$

相关系数 $R^2 = 0.998\,5$。

③浸水 12 h：

$$\tau = 0.400\,7\sigma + 25.653 \tag{2.11}$$

相关系数 $R^2 = 0.999\,6$。

④浸水 24 h：

$$\tau = 0.365\,4\sigma + 24.157 \tag{2.12}$$

相关系数 $R^2 = 0.997\,9$。

⑤浸水 360 h：

$$\tau = 0.334\,8\sigma + 21.872 \tag{2.13}$$

相关系数 $R^2 = 0.988\,8$。

表 2.7 和式(2.9)~式(2.13)直观地阐述了凝灰质粉砂岩的直剪强度与正应力和浸水时间的关系，即凝灰质粉砂岩直剪强度随浸水时间的增大而降低，随正应力的增大而增加。而且，随着浸水时间的增大，直剪强度曲线的斜率也呈现降低的趋势。由式(2.9)~式(2.13)可以得到不同浸水时间下，凝灰质粉砂岩的直剪强度参数摩擦角 φ 和黏聚力 c，如表 2.8 所示。根据表 2.8 中的数据，可以得到凝灰质粉砂岩的直剪强度参数内摩擦角 φ 和黏聚力 c 随含水率的变化关系，如图 2.12、图 2.13 所示。

表 2.8　直剪强度参数

浸水时间/h	含水率 ω/%	内摩擦角 φ/(°)	黏聚力 c/MPa
干燥状态	0	25.47	28.492
4	0.201	22.82	26.897
12	0.317	21.83	25.653
24	0.411	20.07	24.157
360	0.560	18.51	21.872

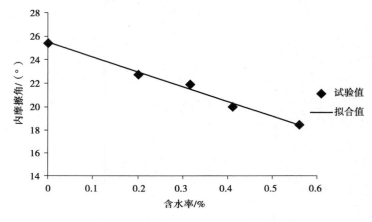

图 2.12　岩样内摩擦角与含水率关系曲线

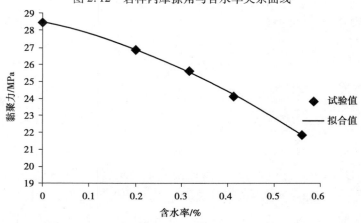

图 2.13　岩样黏聚力与含水率关系曲线

由图 2.12、图 2.13 凝灰质粉砂岩的直剪强度参数内摩擦角 φ 和黏聚力 c 随含水率的变化关系可知,内摩擦角 φ 和黏聚力 c 随着含水率的增大而减小。干燥状态下凝灰质粉砂岩的内摩擦角 φ 和黏聚力 c 最大,分别为 25.47° 和 28.492 MPa;浸水时间为 360 h 时最小,分别为 18.51° 和 21.872 MPa,相对干燥状态下,分别降低了

27.3% 和 23.2% 。因此得出结论:随着含水率的改变,凝灰质粉砂岩内摩擦角 φ 变化幅度比黏聚力 c 大,即内摩擦角 φ 对水的反应比黏聚力 c 更敏感。对经水浸泡后凝灰质粉砂岩内摩擦角 φ 和黏聚力 c 随含水量变化关系进行最小二乘法线性回归分析。得出凝灰质粉砂岩内摩擦角 φ 和黏聚力 c 随含水量变化关系如下:

内摩擦角 φ :
$$\varphi = -12.498\omega + 25.462 \tag{2.14}$$
相关系数 $R^2 = 0.9932$ 。

黏聚力 c :
$$c = -10.833\omega^2 - 5.8345\omega + 28.502 \tag{2.15}$$
相关系数 $R^2 = 0.9991$ 。

2.3.3　考虑浸水时间的 Mohr-Coulomb 准则

岩样的直剪强度一般用 Coulomb 准则表达,即
$$\tau = c + \sigma \tan \varphi \tag{2.16}$$

将凝灰质粉砂岩内摩擦角 φ 和黏聚力 c 与含水量的表达式(2.14)和表达式(2.15)代入表达式(2.16),能够得到考虑含水量的岩石抗剪强度计算公式:

$$\tau = (-10.833\omega^2 - 5.8345\omega + 28.502) + \sigma \tan(-12.498\omega + 25.462) \tag{2.17}$$

再把含水量与浸水时间的表达式(2.8)代入表达式(2.17),因此能得到考虑浸水时间的 Coulomb 方程:

$$\tau = -10.833[0.0775\ln(t) + 0.1216]^2$$
$$- 5.8345[0.0775\ln(t) + 0.1216] + 28.502$$
$$+ \sigma \tan\{-12.498 \times [0.0775\ln(t) + 0.1216] + 25.462\} \tag{2.18}$$

假定试样尺寸为 ϕ50 mm×50 mm,当其法向荷载为 1 kN、2 kN、3 kN 和 4 kN 时,相对应的正应力分别为 0.51 MPa、1.02 MPa、1.53 MPa 和 2.04 MPa。将表达式(2.18)中 σ 分别取值为 0.51 MPa、1.02 MPa、1.53 MPa 和 2.04 MPa,拟合出剪应力 τ 随浸水时间 t 的变化曲线,如图 2.14 ~ 图 2.17 所示。

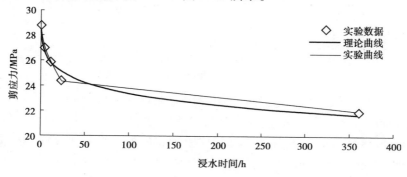

图 2.14　剪应力与浸水时间的拟合曲线(法向荷载 1 kN)

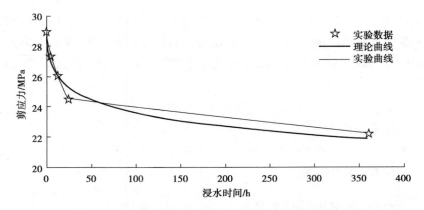

图 2.15　剪应力与浸水时间的拟合曲线（法向荷载 2 kN）

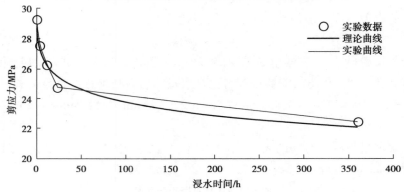

图 2.16　剪应力与浸水时间的拟合曲线（法向荷载 3 kN）

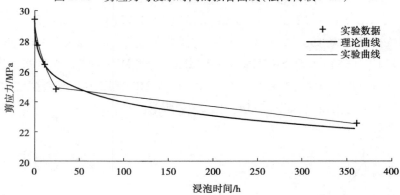

图 2.17　剪应力与浸水时间的拟合曲线（法向荷载 4 kN）

　　由图可以看出，利用表达式（2.18）拟合曲线与实际试验曲线吻合性较好，能较好地反映出在浸水时间变化的条件下凝灰质粉砂岩的剪应力变化规律。根据表达式（2.18）并结合图 2.14 ~ 图 2.17 可以得到，影响剪应力 τ 的主要因素是正应力 σ 和浸水时间 t。随着正应力 σ 的增加，浸水时间 t_1 和 t_2（均为某一定值，即该处岩样的含水率为定值）所对应的坐标 (t_1, τ_2) 和 (t_2, τ_2) 之间的斜率也在增大，但是增加的幅度不大;随着浸水时间 t 的增加,正应力变化值一定时,即 σ_*($\sigma_* = \sigma_2 - \sigma_1$)不变,剪应力变化值 τ_*($\tau_* = \tau_2 - \tau_1$)先增加后减小,且随着 σ_2 取值的增加而减小。因此,可知正应力 σ 和浸水时间 t 都会影响剪应力 τ 的取值,即含水率对凝灰质粉砂岩的软化作用可以体现在浸水时间上。

2.4　不同含水率下凝灰质粉砂岩单轴压缩试验

岩石的单轴压缩试验是研究岩体主要力学性质的最基本试验,能根据岩体在单轴压缩变形过程横向和纵向随应变的变化情况得出岩体的弹性模量和泊松比。

此次试验以凝灰质粉砂岩作为研究对象,开展了吸水性试验,探讨岩石含水率与浸水时间的变化关系,并进行了不同含水率(以浸水时间为控制点)的岩样单轴压缩试验。根据试验结果中应力-应变曲线,求出岩石的抗压强度、弹性模量和泊松比等力学参数,掌握岩石的强度、变形及力学参数等随浸水时间和含水率之间的变化关系,为岩体得到稳定性分析提供一定的理论依据。

2.4.1　吸水性试验结果及分析

进行单轴压缩试验前,首先研究岩样的自然吸水性。试验试样尺寸、质量及含水率数据如表 2.9 所示。

表 2.9　单轴试验岩样参数

岩样编号	浸水时间/h	直径 D/mm	高度 H/mm	干燥质量 /g	吸水状态下质量/g	含水率/%	平均含水率/%
A3-1	干燥	49.84	100.10	467.68	—	—	—
A3-2		50.12	100.42	475.65	—	—	
A3-3		50.42	99.88	480.96	—	—	
B3-1	4	48.98	100.08	451.78	452.59	0.180	0.185
B3-2		49.34	99.12	456.13	456.93	0.176	
B3-3		50.02	99.54	472.53	473.47	0.198	
C3-1	24	49.76	101.22	471.98	473.70	0.363	0.368
C3-2		51.26	100.78	499.94	501.74	0.361	
C3-3		48.96	99.40	450.96	452.67	0.379	
D3-1	72	50.22	100.24	474.31	476.52	0.467	0.471
D3-2		50.46	99.72	477.37	479.59	0.465	
D3-3		50.08	99.58	472.29	474.56	0.482	

续表

岩样编号	浸水时间/h	直径 D/mm	高度 H/mm	干燥质量/g	吸水状态下质量/g	含水率/%	平均含水率/%
E3-1		49.12	100.86	460.96	463.56	0.565	
E3-2	360	50.64	98.90	482.00	484.73	0.567	0.564
E3-3		50.18	99.76	479.37	482.05	0.559	

　　根据表 2.9,绘制出岩样吸水率随泡水时间的变化曲线,如图 2.18 所示。可知岩样的含水率变化范围为 0～0.553%,随着浸水时间的增加而增大,凝灰质粉砂岩含水率在浸水时间 24 h 内变化明显,24～36 h 间也在增加,360 h 左右岩样含水率已相对接近稳定。该规律与岩样含水率及变化情况基本吻合。综合岩样的含水率及变化情况,可以得到,岩样自然含水率随着浸水时间的增加而增大,其变化在短时间内比较明显。

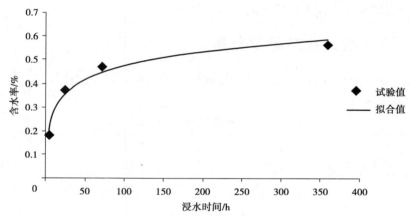

图 2.18　单轴岩样平均含水率随浸水时间的变化关系

凝灰质粉砂岩单轴岩样含水率与时间有着良好的对数函数关系,其有关方程为:

$$\omega_a = 0.085\ 1\ \ln(t) + 0.083\ 8 \tag{2.19}$$

相关系数 $R^2 = 0.981\ 8$。

2.4.2　单轴压缩试验结果及分析

　　岩石在受到荷载的作用下,材料的不均匀性和间断性会得到扩展,而这一演化发展能被 $\sigma\text{-}\varepsilon$ 曲线形象地表达出来。$\sigma\text{-}\varepsilon$ 曲线不仅反映了岩石变形特性的变化规律,还是研究岩石力学特性、确定其本构关系的基础。通过对不同浸水时间的岩样进行单轴压缩试验,得到凝灰质粉砂岩单轴压缩应力-应变曲线关系,如图 2.19～图 2.23 所示,部分岩样压缩破坏后的照片如图 2.24 所示。

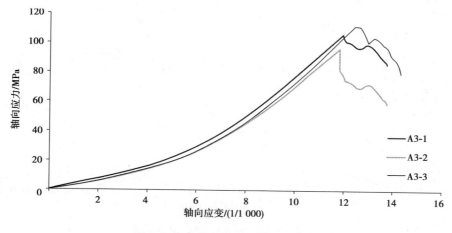

图 2.19　单轴压缩 σ-ε 曲线（干燥）

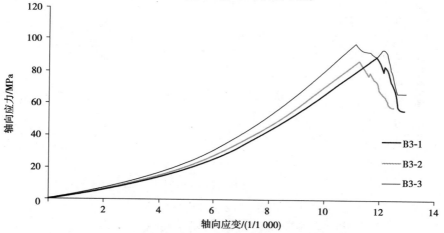

图 2.20　单轴压缩 σ-ε 曲线（浸水 4 h）

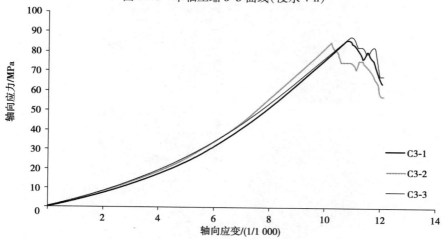

图 2.21　单轴压缩 σ-ε 曲线（浸水 24 h）

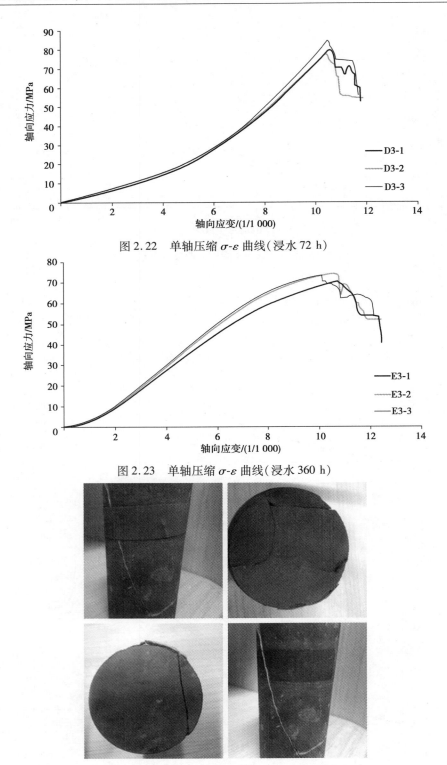

图 2.22　单轴压缩 $\sigma\text{-}\varepsilon$ 曲线（浸水 72 h）

图 2.23　单轴压缩 $\sigma\text{-}\varepsilon$ 曲线（浸水 360 h）

图 2.24　凝灰质粉砂岩单轴压缩后部分试样的照片

从岩样的应力-应变曲线图可以看出,单轴压缩条件下凝灰质粉砂岩出现弹脆性特征,应力-应变曲线有明显转折点。岩样试件有较明显的微裂纹,呈张性破裂。干燥状态、浸水时间 4 h、浸水时间 24 h 和浸水时间 72 h 的岩样的应力-应变曲线包括 3 个阶段:微裂隙闭合阶段、弹性阶段和破坏阶段,如图 2.19 ~ 图 2.22 所示;而浸水时间 360 h(即饱和状态)的岩样的应力-应变曲线包括 4 个阶段:压密阶段、弹性阶段、非弹性阶段和破坏阶段,如图 2.23 所示。

从图 2.23 中的 E3-1 曲线可以看出,开始阶段,曲线向上弯曲,属于压密阶段,这期间岩石中的初始微裂隙受到荷载压密闭合;随着岩石内部的孔隙几乎压密闭合后,荷载继续增加,曲线几乎呈直线型,进入线弹性工作阶段;随着荷载的进一步加大,曲线向下弯曲,属于非弹性阶段,主要是在平行荷载方向开始逐渐生成新的微裂隙以及裂隙的不稳定;达到极限破坏值后,曲线出现陡降,处于破坏阶段。

图 2.25 所示为岩样典型的 σ-ε 全过程曲线图,曲线压密阶段和弹性阶段较显著。这表示该岩样内部有处于张开状态的微裂隙,受荷后压密达到闭合;在弹性阶段,由颗粒和孔隙所构成的岩石在单轴状态下所发生的变形都是弹性变形,为达到屈服条件,几乎适用于虎克定律;达到峰值前,岩石无明显屈服阶段,峰值强度为 96.29 MPa,然后岩石迅速破坏,没有出现残余强度阶段。

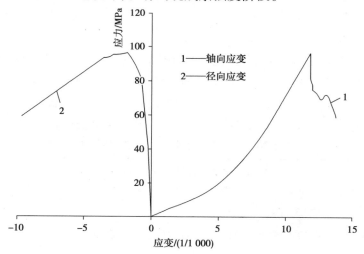

图 2.25　A3-2 岩样单轴压缩应力-应变全过程曲线

在压密阶段,A3-2 岩样轴向应力-应变曲线呈上凹型而且径向应变值很小,几乎为零,表面裂隙压密阶段主要变形为轴向变形。在弹性阶段,开始出现径向变形,但变形不明显,侧向膨胀较小。在峰值强度后,岩样发生破坏,导致径向变形剧增,使环向引伸仪脱落。

凝灰质粉砂岩单轴抗压强度的取值及弹性模量、泊松比计算按下列方法进行。

（1）单轴抗压强度

岩样的单轴抗压强度 σ_c 取应力-应变曲线图上最大的应力值。

（2）弹性模量

刘佑荣等编著的《岩体力学》中提到了因变形的不同,其模量也有所差异,主要包括:初始模量、切线模量和割线模量。本次采用切线模量来描述变形过程中的变形模量,具体方法为:取应变 σ 为抗压强度的50%附近的 σ-ε 曲线,通过一次线性拟合得到该曲线段的方程,岩石的弹性模量取其斜率。计算公式如下:

$$E_{av} = \frac{\sigma_b - \sigma_a}{\varepsilon_{hb} - \varepsilon_{ha}} = \frac{\sigma}{\varepsilon} \tag{2.20}$$

（3）泊松比

泊松比的定义为径向应变 ε_d 与轴向应变 ε_1 的比值,计算公式如下:

$$\mu = \frac{\varepsilon_d}{\varepsilon_1} \tag{2.21}$$

在弹性阶段, μ 一般为常数,但是进入屈服阶段后, μ 会随着应力的增加而增加,直到 $\mu = 0.5$ 为止。为了方便,常采用应力为 $\sigma_c/2$ 处的径向应变 ε_d 和轴向应变 ε_1 来计算岩石试样的泊松比。

凝灰质粉砂岩单轴压缩变形试验结果如表2.10所示,可以得出凝灰质粉砂岩的抗压强度在70.52~112.13 MPa变化;弹性模量在9.513~12.547 GPa变化;泊松比在0.197~0.332变化。同时,随着浸水时间的变化存在着一定的规律:随着浸水时间的增加,抗压强度和弹性模量呈现下降的趋势,泊松比呈现上升的趋势。这说明随着浸水时间的增加,一方面降低了岩石的单轴强度,另一方面岩石内部的滑移阻力减小,导致变形能力降低,从而使单轴抗压强度和弹性模量降低,泊松比上升。

表2.10　凝灰质粉砂岩单轴压缩试验结果

岩样编号	浸水时间/h	抗压强度/MPa	平均抗压强度/MPa	弹性模量/GPa	平均弹性模量/GPa	泊松比	平均泊松比
A3-1		105.83		12.338		0.204	
A3-2	干燥	96.29	104.75	11.742	12.209	0.236	0.21
A3-3		112.13		12.547		0.197	
B3-1		89.59		11.895		0.247	
B3-2	4	86.88	91.58	11.535	11.514	0.253	0.26
B3-3		98.27		11.112		0.282	
C3-1		86.75		10.873		0.261	
C3-2	24	84.94	86.52	10.756	10.642	0.275	0.28
C3-3		87.87		10.298		0.304	

岩样编号	浸水时间/h	抗压强度/MPa	平均抗压强度/MPa	弹性模量/GPa	平均弹性模量/GPa	泊松比	平均泊松比
D3-1		79.78		10.513		0.283	
D3-2	72	77.35	80.48	10.023	10.452	0.311	0.29
D3-3		84.32		10.821		0.262	
E3-1		70.52		9.513		0.332	
E3-2	360	73.95	72.48	10.157	10.090	0.293	0.31
E3-3		72.96		10.601		0.311	

结合表 2.9 和表 2.10,通过最小二乘法用多项式进行拟合可以得到抗压强度、弹性模量以及泊松比与含水量的关系曲线图,如图 2.26 ~ 图 2.28 所示。从表 2.10 可知,在干燥状态下,凝灰质粉砂岩的平均抗压强度为 104.75 MPa,平均弹性模量为 12.209 MPa,泊松比为 0.21;浸水 4 h 后,平均含水量为 0.185%,抗压强度为 91.58,下降了 13.17 MPa,弹性模量为 11.514 GPa,下降了 0.695,泊松比为 0.26,上升了 0.05;浸水 24 h 后,含水量为 0.368%,此时抗压强度为 86.25 MPa,下降了 18.50 MPa,弹性模量为 10.642 GPa,下降了 1.567,泊松比为 0.28,上升了 0.07;浸水 72 h 后,含水量为 0.471%,此时抗压强度为 80.48 MPa,下降了 24.27 MPa,弹性模量为 10.452 GPa,下降了 1.757,泊松比为 0.29,上升了 0.08;浸水 360 h 后,含水量为 0.564%,此时抗压强度为 72.48 MPa,下降了 32.27 MPa,弹性模量为 10.090 GPa,下降了 2.119,泊松比为 0.31,上升了 0.10。

相对于干燥状态下的,浸水 360 h 后,岩样的单轴抗压强度下降的幅度为 30.8%,弹性模量下降的幅度为 17.4%,泊松比上升的幅度为 47.6%。由此可以得出,随着含水量的变化,弹性模量的变化程度相对于泊松比和单轴抗压强度要轻微得多,泊松比相对于单轴抗压强度受含水量的影响较敏感。通过最小二乘法,拟合出单轴抗压强度 σ_c、弹性模量 E_t 和泊松比 μ 与含水量 ω 的方程,分别为:

抗压强度 σ_c:

$$\sigma_c = -5.216\,7\omega^2 - 49.935\omega + 103.76 \tag{2.22}$$

相关系数 $R^2 = 0.972\,7$。

弹性模量 E:

$$E = 1.236\,1\omega^2 - 4.483\,8\omega + 12.23 \tag{2.23}$$

相关系数 $R^2 = 0.993\,2$。

泊松比 μ:

$$\mu = -0.141\,3\omega^2 + 0.243\,7\omega + 0.212\,7 \tag{2.24}$$

相关系数 $R^2 = 0.977\,9$。

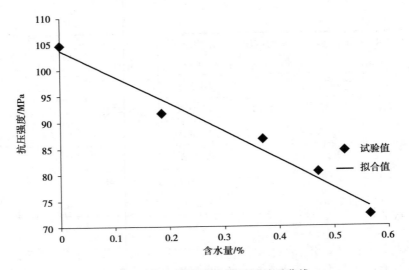

图 2.26   抗压强度与含水量的关系曲线

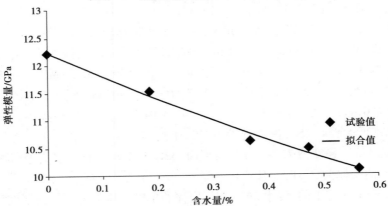

图 2.27   弹性模量与含水量的关系曲线

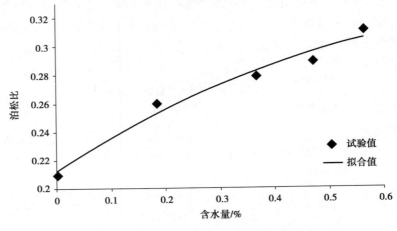

图 2.28   泊松比与含水量的关系曲线

2.5　不同含水条件下凝灰质粉砂岩损伤本构关系研究

水浸入岩石内部中,润滑了岩石颗粒之间的接触面,填塞了岩石之间的孔隙,造成岩体内部出现损伤,岩石受压后出现软化现象。最直接的现象就是岩石各项物理和力学参数发生变化,从而引起凝灰质粉砂岩的本构关系发生变化。为研究岩石在水作用下的损伤过程,构建了以水为因量的凝灰质粉砂岩的本构关系。

2.5.1　损伤模型研究

岩石作为存在自然界中的一种天然材料,因此其内部存在各种缺陷,如裂隙、节理等。从微观上的化学键破坏到细观上裂隙扩展与增长,再到到宏观上力学性能的降低均是岩石损伤的表现。20 世纪 70 年代,Dougill 在岩石界中引入了损伤力学,从此一个热门并具有科研价值的课题诞生了——岩石的损伤。Dragon & Morz 认为损伤直接影响岩石和混凝土在弹性阶段的塑性膨胀率,并考虑连续介质来构建相应的损伤模型。Kachanov 从岩石颗粒间的摩擦滑动入手建立了损伤模型,并将该模型的适用性扩展到一般的脆性损伤问题。刘泉声等在岩石主要受温度影响时,提出了热损伤的概念。Kawamoto 从声波的角度定义损伤变量,即各向异性微裂隙岩石的声波波速与母岩声波波速之比。曹文贵从能量的角度出发,构造了岩石软化特性和硬化特性在破坏过程中相互转化的损伤模型。周家文探究循环加卸载对损伤的影响,对砂岩进行加载—卸载—加载—卸载—加载的试验,发现岩样的轴向变形和径向变形均随着循环次数的增加而增大。吴刚对干燥和饱水状态下的大理岩进行冻结和融化相交替的试验,发现冻融也会影响岩石的损伤过程。葛修润对陕西韩城砂岩试验时,首创了 CT 细观实时观测岩石在荷载周期性作用下损伤扩展的过程,证明了阈值存在于损伤过程中。刘保县等在煤岩单轴压缩过程中采用声发射来描述岩石破坏机制,并验证了其正确性。

本文研究水影响下的凝灰质粉砂岩的力学性质,以吸水性试验和力学试验为基础,并由浸水时间来控制岩石含水率,构造了以浸水时间为变量的岩石本构关系,并用它来模拟单轴压缩试验结果及推导涉及浸水时间改变,峰值强度随之改变的岩石损伤本构关系。

2.5.2　凝灰质粉砂岩损伤统计模型

1)凝灰质粉砂岩损伤本构模型构建

凝灰质粉砂岩在单轴试验中的 $\sigma\text{-}\varepsilon$ 曲线如图 2.14 ~ 图 2.17 所示,其中吸水时间为 0 h、4 h、24 h 和 72 h 的情况下,其压密段较明显,因为传统的损伤本构模型拟合曲线和实际曲线在峰前相差较大,因此提出分段式损伤本构模型研究。

根据凝灰质粉砂岩的单轴 σ-ε 曲线图,提出几点假设:应变为 0.2% 时岩样的压密段完成;应变为峰值应变 70% 时,线弹性段完成;损伤扩展始于最后一段,前几段的变形只为初始损伤,且符合 Hooke 定律;岩样材料在损伤的扩展上和表观上均为各向同性;Hooke 定律适用于损伤扩展前岩样的微元强度;当凝灰质粉砂岩的损伤开始扩展时,用 Weibull 强度分布理论。

2) 损伤演化方程的建立

岩石材料的非均质性十分明显,很多缺陷存在于其内部,这些缺陷之间的力学特性差异性很大,它们是随机分布的,且在岩石材料中随机分布着这些缺陷中的损伤。所以,可认定岩石强度是一个随机变量,是众多变量(包括岩石中矿物成分的比例、含水率的多少、胶结物的特性,颗粒的大小,缺陷的分布等)综合作用的效果,但这些变量自身是相互独立的,是具有统计规律的随机变量。采用 Weibull 强度分布,其概率密度函数为:

$$P(F) = \frac{m}{F}\left(\frac{F - F_a}{F_0}\right)^{m-1} \exp\left[-\left(\frac{F - F_a}{F_0}\right)^m\right] \tag{2.25}$$

式中　F——强度随机分布量;

　　　m,F_0——表征材料的物理力学特性参数,反映材料对外部荷载的不同响应特性;

　　　F_a——常数,其值为 $0.70\varepsilon_c$,其中 ε_c 为试验的峰值应变。

微元在荷载作用下的不均匀破坏造成了岩石的损伤。损伤变量 D 为受荷破坏的微元数 N_s 占总微元数 N 的比例,其值为 $0 \leqslant D \leqslant 1$。因此,$D$ 反映出了岩石材料内部的损伤程度,其表示式为:

$$D = \frac{N_\varepsilon}{N} = \frac{\int_{F_a}^{F} NP(x)\mathrm{d}x}{N} = \frac{N\left(1 - \exp\left[-\left(\frac{F - F_a}{F_0}\right)^m\right]\right)}{N}$$

$$= 1 - \exp\left[-\left(\frac{F - F_a}{F_0}\right)^m\right] \tag{2.26}$$

假设岩样在破坏前遵循 Hooke 定律,依据连续介质损伤力学基础,损伤本构关系可以表示为:

$$\sigma = \alpha k E \varepsilon \ (\varepsilon \leqslant 0.2\%) \tag{2.27}$$

$$\sigma = \alpha E[\varepsilon - 0.2\%(1 - k)] \ (0.2 \leqslant \varepsilon \leqslant 0.70\varepsilon_c) \tag{2.28}$$

$$\sigma = (1 - D)\alpha E[\varepsilon - 0.2\%(1 - k)] \ (0.70\varepsilon_c \leqslant \varepsilon) \tag{2.29}$$

式中　k——压密段弹性模量的折减系数,为定值 2/5;

α——弹性段均衡系数，为定值 0.95。

3）损伤本构模型

能够通过单轴压缩试验中的应力-应变曲线的峰值点强度点 $C(\varepsilon_c, \sigma_c)$ 确定损伤统计本构模型的参数 m 和 F。

峰值点强度点 $C(\varepsilon_c, \sigma_c)$ 处的斜率为 0，因此有：

$$\left. \frac{\mathrm{d}\sigma}{\mathrm{d}\varepsilon} \right|_{\varepsilon = \varepsilon_c} = 0 \tag{2.30}$$

峰值点强度点 $C(\varepsilon_c, \sigma_c)$ 处 σ_c 值满足关系式：

$$\sigma_c = \exp\left[-\left(\frac{\varepsilon_c - 0.70\varepsilon_c}{F_0} \right)^m \right] \alpha E[\varepsilon - 0.2\%(1 - k)] \tag{2.31}$$

整理表达式(2.30)、式(2.31)可得：

$$m = \frac{(\varepsilon_c - F_a)}{[\varepsilon_c - 0.2\%(1 - k)]\ln\left(\dfrac{\alpha E[\varepsilon_c - 0.2\%(1 - k)]}{\sigma_c} \right)} \tag{2.32}$$

$$F_0 = \exp\left\{ \ln(\varepsilon_c - F_a) - \frac{1}{m}\ln\left(\ln\left(\frac{\alpha E[\varepsilon_c - 0.2\%(1 - k)]}{\sigma_c} \right) \right) \right\} \tag{2.33}$$

含水率与浸水时间、弹性模量与含水率的关系式可根据式(2.19)、式(2.23)得出：

$$\omega_a = a \ln(t) + b \tag{2.34}$$

$$E = c\omega_a^2 + d\omega_a + E_0 \tag{2.35}$$

式中　E_0——拟合参数曲线上干燥状态下的弹性模量；

　　　ω_a——含水率，干燥条件下为 0；

　　　a, b, c, d——函数拟合系数；

　　　t——浸水时间。

将表达式(2.22)、式(2.23)整理后代入表达式(2.21)和式(2.19)，得到涉及浸水时间的岩石损伤统计本构模型为：

$$\sigma = \alpha k\{c[a \ln(t) + b]^2 + d[a \ln(t) + b] + E_0\}\varepsilon \quad (\varepsilon \le 0.2\%) \tag{2.36}$$

$$\sigma = \alpha\{c[a \ln(t) + b]^2 + d[a \ln(t) + b] + E_0\}[\varepsilon - 0.2\%(1 - k)] \quad (0.2 \le \varepsilon \le 0.70\varepsilon_c)$$

$$\tag{2.37}$$

$$\sigma = (1 - D)\alpha\{c[a \ln(t) + b]^2 + d[a \ln(t) + b] + E_0\}[\varepsilon - 0.2\%(1 - k)] \quad (0.70\varepsilon_c \le \varepsilon)$$

$$\tag{2.38}$$

$$m = \frac{0.3\varepsilon_c}{(\varepsilon_c - 0.12\%)} \cdot \frac{1}{\ln\left(\dfrac{\alpha\{c[a \ln(t) + b]^2 + d[a \ln(t) + b] + E_0\}(\varepsilon_c - 0.12\%)}{\sigma_c} \right)}$$

$$\tag{2.39}$$

$$F_0 = \exp\left\{ \ln(0.3\varepsilon_c) \frac{1}{m} \ln\left(\ln\left(\frac{\alpha\{c[a\ln(t)+b]^2 + d[a\ln(t)+b] + E_0\}[\varepsilon_c - 0.2\%(1-k)]}{\sigma_c} \right) \right) \right\}$$

(2.40)

4)本构模型的试验验证

选取拟合参数曲线上干燥状态的数据为初始数据 $E_0 = 12.23$ GPa, $\sigma_0 = 103.76$ MPa, $a = 0.085\ 1, b = 0.083\ 8, c = 1.236\ 1, d = -4.483\ 8$,计算出各浸水时间条件下部分岩样的损伤统计力学参数如表2.11所示。可以看出 m 的值在1.3 ~ 2.7变化,F 的值在6.9‰ ~ 10.1‰变化。

表2.11 岩样损伤统计力学参数

岩样编号	t/h	E_c/GPa	ε_c/(10^{-3})	σ_c/MPa	m	F/(10^{-3})
A3-1	0	12.230	11.96	105.83	2.002	8.784
B3-1	4	11.376	11.87	89.59	1.322	10.087
C3-3	24	10.797	10.94	87.87	2.625	7.174
D3-2	72	10.470	10.39	77.35	2.031	7.524
E3-3	360	10.031	10.09	72.96	2.279	6.971

将表2.11中的数据代入表达式(2.36) ~ 式(2.38),利用 Matlab 软件绘制出模拟的凝灰质粉砂岩的损伤本构模型,通过对比试验结果,从而验证本构模型表达式(2.36) ~ 式(2.38)的正确性。部分试验结果和模型的参照分析,图2.29 ~ 图2.33分别列出了各种吸水时间情况下的本构模型和试验应力-应变曲线的比较。由于试验操作和岩样的部分缺陷,造成部分拟合曲线和试验曲线存在一定偏差,但得出理论曲线大致与实际状况相符合,模型大致能反映出各种吸水时间条件下的凝灰质粉砂岩损伤过程。

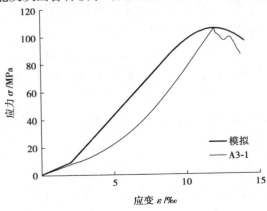

图2.29 浸水0 h试验曲线与损伤本构模型的对比

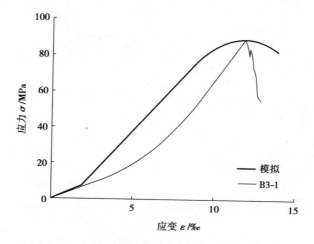

图 2.30　浸水 4 h 试验曲线与损伤本构模型的对比

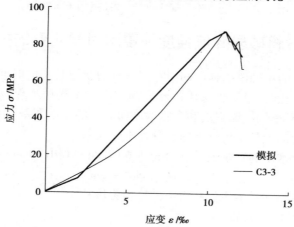

图 2.31　浸水 24 h 试验曲线与损伤本构模型的对比

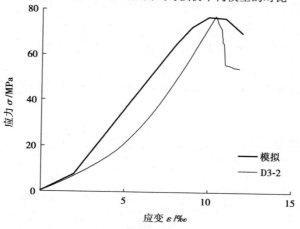

图 2.32　浸水 72 h 试验曲线与损伤本构模型的对比

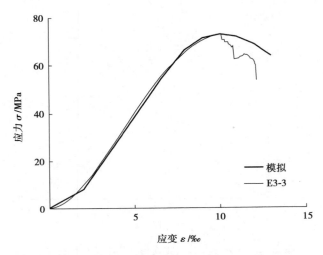

图 2.33　浸水 360 h 试验曲线与损伤本构模型的对比

2.5.3　凝灰质粉砂岩峰值强度随浸水时间改变的损伤本构模型

凝灰质粉砂岩的单轴压缩强度即使在同样浸泡状态且相同时间作用下也各不相同,先前探讨浸水时间变量下凝灰质粉砂岩损伤统计本构模型仅仅指向了每组的单个岩样。另外,岩石单轴压缩强度和含水率之间有着稳定的函数关系,现探讨峰值强度随浸水时间改变的凝灰质粉砂岩损伤统计本构关系。

峰值强度和含水率的定量关系可由表达式(2.22)得到:

$$\sigma_c = \sigma_0 + f\omega_a^2 + g\omega_a \tag{2.41}$$

式中　σ_0——凝灰质粉砂岩干燥状态下的峰值强度;

　　　f,g——函数拟合系数。

将表达式(2.34)、式(2.41)整理后代入式(2.36)~式(2.40),可得到探究随着浸水时间的改变而改变的凝灰质粉砂岩损伤统计本构模型为:

$$\sigma = \alpha k\{c[a\ln(t)+b]^2 + d[a\ln(t)+b]+E_0\}\varepsilon(\varepsilon \le 0.3\%) \tag{2.42}$$

$$\sigma = \alpha\{c[a\ln(t)+b]^2 + d[a\ln(t)+b]+E_0\}[\varepsilon-0.3\%(1-k)](0.3\% \le \varepsilon \le 0.80\varepsilon_c) \tag{2.43}$$

$$\sigma = (1-D)\alpha\{c[a\ln(t)+b]^2 + d[a\ln(t)+b]+E_0\}[\varepsilon-0.3\%(1-k)](0.80\%\varepsilon_c \le \varepsilon) \tag{2.44}$$

$$m = \frac{0.2\varepsilon_c}{(\varepsilon_c - 0.18\%)} \cdot \frac{1}{\ln\left(\dfrac{\alpha\{c[a\ln(t)+b]^2 + d[a\ln(t)+b]+E_0\}[\varepsilon_c - 0.18\%]}{\sigma_0 + f[a\ln(t)+b]^2 + g[a\ln(t)+b]}\right)} \tag{2.45}$$

$$F_0 = \exp\left\{\ln(0.2\varepsilon_c)\frac{1}{m}\ln\left(\ln\left(\dfrac{\alpha\{c[a\ln(t)+b]^2 + d[a\ln(t)+b]+E_0\}[\varepsilon_c - 0.3\%(1-k)]}{\sigma_0 + f[a\ln(t)+b]^2 + g[a\ln(t)+b]}\right)\right)\right\} \tag{2.46}$$

在探究抗压强度随浸水时间改变的本构方程中,可利用拟合参数曲线上浸水时间为零状态下的数据为最初数据 $E_0 = 12.23$ GPa, $\sigma_0 = 103.76$ MPa, $a = 0.085\ 1$, $b = 0.083\ 8$, $c = 1.236\ 1$, $d = -4.483\ 8$, $f = -5.216\ 7$, $g = -49.935$。将不同吸水时间下岩样应力-应变曲线的应变 ε_c 取值都为 11‰时,计算得到不同浸水时间条件下的损伤统计力学参数,如表 2.12 所示。将表 2.12 中数据代入表达式(2.42)~式(2.44)中,探究得到峰值强度随浸水时间改变的凝灰质粉砂岩损伤统计本构模型应力-应变曲线,如图 2.34 所示。

表 2.12 考虑浸水时间岩样的损伤统计力学参数

编　号	t/h	E_c/GPa	$\varepsilon_c/(10^{-3})$	σ_c/MPa	m	$F_0/(10^{-3})$
1	0	12.230	11.00	103.76	3.625	6.764
2	4	11.376	11.00	93.47	2.696	8.646
3	24	10.797	11.00	85.42	2.068	9.731
4	72	10.470	11.00	80.36	1.743	9.782
5	360	10.031	11.00	72.78	1.351	8.505

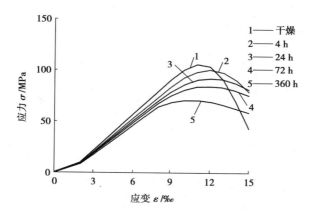

图 2.34　ε_c 为固定值时,峰值强度随吸水时间改变的应力-应变曲线

由图 2.34 可知,随着吸水时间的增加,岩样的峰值强度和弹性模量都将下降;通过计算可以得到,Weibull 分布参数 m 的值同样随吸水时间的增加而减小,曲线的弧度随 m 的下降而变大。

2.6　凝灰质粉砂岩的单轴压缩蠕变特性试验

2.6.1　不同含水率条件下的单轴压缩蠕变特性

凝灰质粉砂岩单轴蠕变试验采用荷载控制模块进行分级加载,五级加载后得到了不同含水状态下的蠕变曲线,如图 2.35~图 2.38 所示。加载过程中遵循了变形趋于稳定再施加下一级荷载的原则,但没有进行等时加载。所以,在后文的"陈氏法"处理中对于同一岩样、不同荷载等级加载情况统一考虑成等时加载。对于蠕变变形稳定但加载时间较短的情况,可将曲线末端稳定段作适当延长。

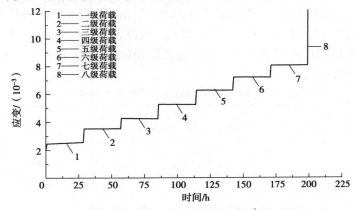

图 2.35　凝灰质粉砂岩 $\omega = 0$ 时的单轴压缩蠕变试验曲线

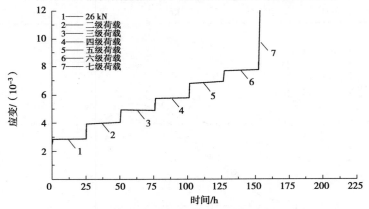

图 2.36　凝灰质粉砂岩 $\omega = 0.41\%$ 时的单轴压缩蠕变试验曲线

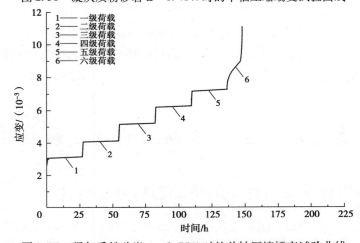

图 2.37　凝灰质粉砂岩 $\omega = 0.75\%$ 时的单轴压缩蠕变试验曲线

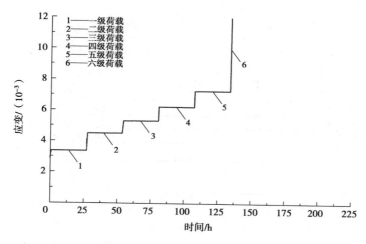

图 2.38　凝灰质粉砂岩 $\omega = 1.04\%$ 时的单轴压缩蠕变试验曲线

根据已有的各种岩石单轴蠕变试验研究表明,分级加载过程中,较低应力水平时,每级荷载加载完成后岩石轴向应变一般要经历初始蠕变、稳定蠕变两个阶段。当应力水平较高时,岩石则还会经历第 3 个蠕变阶段,即加速蠕变阶段,相应地轴向蠕变应变速率的变化也存在相应的 3 个阶段:

①初始蠕变速率阶段,在这个阶段蠕变速率随着时间的增长,很快衰减至某一常量;

②稳定蠕变速率阶段,此阶段蠕变速率随着时间的增长,数值基本保持不变,对应的蠕变速率为稳定蠕变速率,为零或为常量,其蠕变应变趋向于一个稳定值即极限蠕变应变或者与某一常量成正比例增长关系;

③加速蠕变阶段,蠕变速率不能稳定于某一极限值,而是迅速增加直到岩石破坏。

从泥质粉砂岩单轴蠕变试验结果来看,由于本次试验设定最高加载应力未能达到加速蠕变的临界荷载,所有岩石试样只产生了前面两个阶段,而未出现加速蠕变阶段。

采用"陈氏法"处理后的凝灰质粉砂岩蠕变试验曲线如图 2.39～图 2.42 所示。

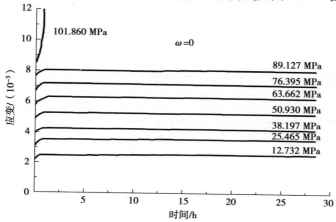

图 2.39　"陈氏法"处理后的凝灰质粉砂岩 $\omega = 0$ 时的单轴压缩蠕变试验曲线

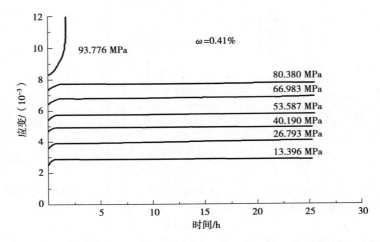

图 2.40 "陈氏法"处理后的凝灰质粉砂岩 $\omega=0.41\%$ 时的单轴压缩蠕变试验曲线

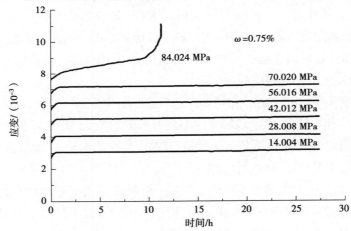

图 2.41 "陈氏法"处理后的凝灰质粉砂岩 $\omega=0.75\%$ 时的单轴压缩蠕变试验曲线

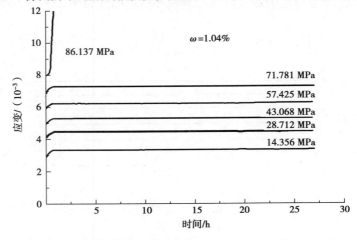

图 2.42 "陈氏法"处理后的凝灰质粉砂岩 $\omega=1.04\%$ 时的单轴压缩蠕变试验曲线

由 $\omega = 0$ 时的蠕变曲线可知,在各级应力作用下,都会产生瞬时蠕变,且只有初期蠕变现象较为显著,但呈现出衰减蠕变的特征,变形速率随时间逐渐较小,在一级荷载作用下,岩样大约经过 55 min,蠕变达到稳定;在二级荷载作用下,大约经过 74 min后,蠕变速率达到稳定;在三级荷载作用下,大约经过 92 min 达到稳定蠕变;在四级荷载作用时,约 107 min 后达到稳定蠕变;在五级荷载时,约 133 min 达到稳定蠕变;在六级荷载作用时,约 114 min 达到稳定蠕变;在七级荷载作用时,约 138 min 后,达到稳定蠕变;在八级荷载作用时,岩样直接进入加速蠕变阶段。分析其他含水率时,也能得到类似的结论。

由表 2.13 可知,凝灰质粉砂岩的初始蠕变速率随着荷载等级的增加而逐渐增加。以 $\omega = 1.04\%$ 的 D-4 试件为例,当施加第一季荷载时,其初始瞬时蠕变为 $2.906\,57 \times 10^{-3}$ mm,随着荷载等级的增加,其初始瞬时蠕变为 $4.131\,49 \times 10^{-3}$ mm、$4.941\,18 \times 10^{-3}$ mm、$5.916\,99 \times 10^{-3}$ mm、$6.830\,45 \times 10^{-3}$ mm、$7.951\,56 \times 10^{-3}$ mm。

且随着荷载等级的增长,其初始瞬时蠕变在上一级荷载稳定状态的蠕变增量几乎保持相似。以 $\omega = 0$ 为例,第二级荷载在第一级荷载的基础上增加了 $0.553\,1 \times 10^{-3}$ mm,随着荷载的增加,增加量依次为 $0.429\,08 \times 10^{-3}$ mm、$0.656\,01 \times 10^{-3}$ mm、$0.573\,37 \times 10^{-3}$ mm、$0.470\,26 \times 10^{-3}$ mm 和 $0.498\,1 \times 10^{-3}$ mm。

表 2.13　不同荷载等级对应不同含水率下的凝灰质粉砂岩蠕变特性指标

荷载等级	含水状态	$\omega = 0$	$\omega = 0.41\%$	$\omega = 0.75\%$	$\omega = 1.04\%$
一级荷载(26 kN)	应力/MPa	12.732	13.396	14.004	14.356
	瞬时应变/(10^{-3})	2.084 4	2.519 98	2.672 05	2.906 57
	稳定蠕变速率/(MPa·h^{-1})	0	0	0	0
二级荷载(52 kN)	应力/MPa	25.465	26.793	28.008	28.712
	瞬时应变/(10^{-3})	3.544 24	3.579 3	3.666 7	4.131 49
	稳定蠕变速率/(MPa·h^{-1})	0	0.006	0	0
三级荷载(78 kN)	应力/MPa	38.197	40.19	42.012	43.068
	瞬时应变/(10^{-3})	3.962 42	4.618 6	4.778 3	4.941 18
	稳定蠕变速率/(MPa·h^{-1})	0	0	0.002 9	0
四级荷载(104 kN)	应力/MPa	50.930	53.587	56.016	57.425
	瞬时应变/(10^{-3})	4.891 16	5.416 7	5.150 6	5.916 96
	稳定蠕变速率/(MPa·h^{-1})	0	0	0.002 5	0.001 7
五级荷载(130 kN)	应力/MPa	63.662	66.983	70.020	71.781
	瞬时应变/(10^{-3})	5.799 17	6.435 1	6.748 3	6.830 45
	稳定蠕变速率/(MPa·h^{-1})	0	0.007 6	0	0

续表

荷载等级	含水状态	$\omega = 0$	$\omega = 0.41\%$	$\omega = 0.75\%$	$\omega = 1.04\%$
六级荷载(156 kN)	应力/MPa	76.395	80.38	84.024	86.137
	瞬时应变/(10^{-3})	6.727 9	7.312 1	7.567 4	7.951 56
	稳定蠕变速率/(MPa·h^{-1})	0	0	破坏	破坏
七级荷载(182 kN)	应力/MPa	89.127	93.776		
	瞬时应变/(10^{-3})	7.656 64	8.299 6		
	稳定蠕变速率/(MPa·h^{-1})	0	破坏		
八级荷载(208 kN)	应力/MPa	101.86			
	瞬时应变/(10^{-3})	8.523 37			
	稳定蠕变速率/(MPa·h^{-1})	破坏			

2.6.2　相同荷载等级不同含水率的单轴蠕变试验

同一荷载等级不同含水率情况的凝灰质粉砂岩单轴蠕变试验曲线如图2.43~图2.50所示。

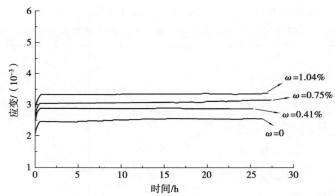

图 2.43　一级荷载(26 kN)下不同含水率的凝灰质粉砂岩蠕变曲线

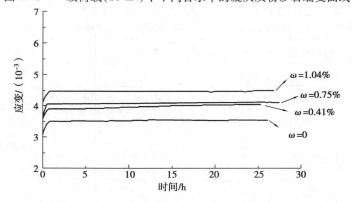

图 2.44　二级荷载(52 kN)下不同含水率的凝灰质粉砂岩蠕变曲线

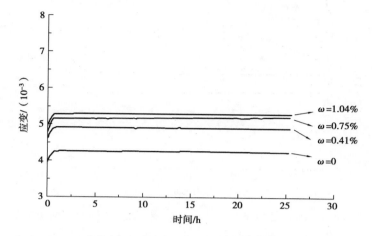

图 2.45　三级荷载(78 kN)下不同含水率的凝灰质粉砂岩蠕变曲线

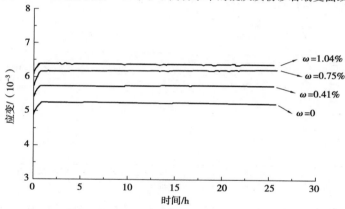

图 2.46　四级荷载(104 kN)下不同含水率的凝灰质粉砂岩蠕变曲线

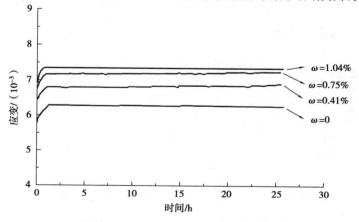

图 2.47　五级荷载(130 kN)下不同含水率的凝灰质粉砂岩蠕变曲线

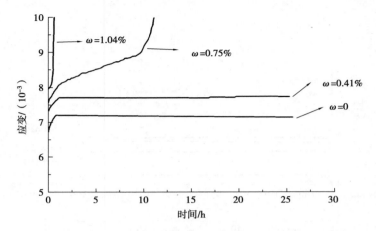

图 2.48　六级荷载(156 kN)下不同含水率的凝灰质粉砂岩蠕变曲线

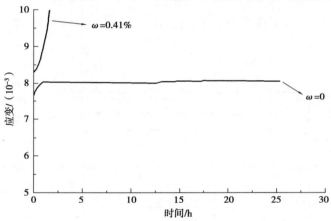

图 2.49　七级荷载(182 kN)下不同含水率的凝灰质粉砂岩蠕变曲线

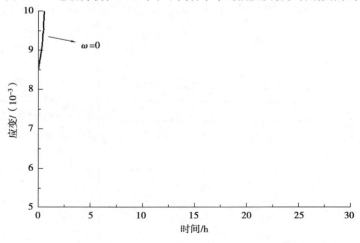

图 2.50　八级荷载(208 kN)下不同含水率的凝灰质粉砂岩蠕变曲线

由图分析可知,在相同等级荷载作用下,随着含水率的增加,试件的蠕变值越大。以二级荷载作用下的凝灰质粉砂岩蠕变速率为例,$\omega = 0$ 时,蠕变值为 3.0956×10^{-3} mm;$\omega = 0.41\%$ 时,蠕变值为 3.5800×10^{-3} mm;$\omega = 0.75\%$ 时,蠕变值为 3.6667×10^{-3} mm;$\omega = 1.04\%$ 时,蠕变值为 4.1315×10^{-3} mm。分析其他等级荷载时,也有此结论(因为七级和八级荷载施加时,$\omega = 0.75\%$ 和 $\omega = 1.04\%$ 的试件已被破坏,所以对比结果仅表示前几级荷载情况)。

从总体上看,相同荷载水平下,不同含水率的凝灰质粉砂岩试样内部应力相差较小,但对蠕变曲线却有较大差异。随着含水率的提高,衰减蠕变曲线段的曲率半径变大。而衰减蠕变段的曲率半径直接影响试样达到稳态蠕变阶段的时间,所以,含水率越大,蠕变进入稳定阶段所需的时间就越长。以一级荷载作用下的蠕变曲线为例,含水率为 0 时,加载约 75 min 后即进入稳定蠕变阶段;含水率为 1.04% 时进入稳定蠕变阶段所需时间约为 190 min。

2.7 不同围压下凝灰质粉砂岩的常规三轴试验

岩石三轴压缩试验可以测得岩石试样在不同侧压条件下的力学参数。通常选用一组岩石试样进行试验,获取试样组在不同侧压下的抗压强度,据此计算岩石抗剪强度参数内摩擦角 φ 和黏聚力 c。本次试验采用等侧压($\sigma_2 = \sigma_3$)条件下的三轴压缩试验,即常规三轴压缩试验,围压依次为 5 MPa、10 MPa、25 MPa、40 MPa 和 60 MPa。

选取 5 组天然状态下的凝灰质粉砂岩进行不同围压下的常规三轴压缩试验。对每组岩样进行不同围压下屈服强度、峰值强度和残余强度的测量,通过计算得到岩石的内摩擦角 φ 和黏聚力 c。为得到模拟岩样在不同埋置深度下所处的地应力条件,本次试验岩样围压有低围压 5 MPa,中围压 10 MPa 和 25 MPa,高围压 40 MPa 和 60 MPa 5 个不同围压。为避免试验过程中,三轴压力室内壁的硅油渗入试样内部对试验结果产生不利影响,故在岩样外部加一层直径为 60 mm 的热缩管,达到阻油的目的。每组中首先对岩样施加围压,5 MPa、10 MPa 和 25 MPa 的施加速度为 0.1 MPa/s,40 MPa 和 60 MPa 的施加速率为 0.5 MPa/s。施加到预定围压后,采用轴向变形控制轴向压力的加载,轴向位移的加载速率控制选择为 0.1 mm/min,直至岩样受荷破坏,系统自动记录破坏的整个过程的岩石全应力-应变关系曲线。

2.7.1 应力应变全过程曲线特征分析

不同围压下凝灰质粉砂岩天然状态的三轴应力-应变全过程曲线如图 2.51 所示。由图可知,随着围压的增大,岩石的峰值强度和残余强度也随着增大。试验后岩样的照片如图 2.52 所示,试样破坏形式为剪压破坏。

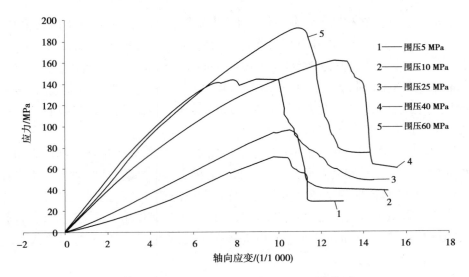

图2.51 不同围压下应力-应变全过程曲线图

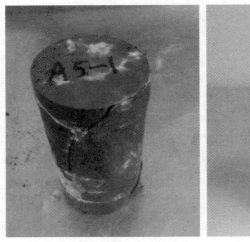

图2.52 凝灰质粉砂岩三轴试验后照片

图2.53所示为凝灰质粉砂岩在围压为5 MPa下的三轴压缩应力-应变曲线图，几乎符合岩石典型三轴压缩全过程应力-应变曲线。图中 O 为初始点，A 为压密点，B 为屈服强度点，C 为峰值强度点，D 为残余强度点。将 OC 段定为峰前区域，CD 段定为峰后区域，峰值强度前岩石产生的变形为弹性，峰值强度后岩石产生的变形为塑性。

将三轴压缩应力-应变全过程曲线分为线弹性阶段、屈服阶段、应变软化阶段和塑性流动阶段4个阶段。每个阶段应力-应变特点如下：

（1）线弹性阶段

OB 段，称为线弹性阶段 I，主要由压密区 OA 段和弹性区 AB 段构成，分界点为

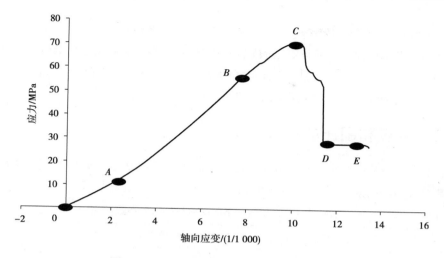

图 2.53　围压为 5 MPa 下应力-应变曲线图

压密点 A。在 OA 段,随着轴向应力的增加,岩样中存在的原生微裂隙逐渐被压密闭合,应力-应变曲线呈上凹形,曲线斜率逐渐增大。因为该阶段的变形机理复杂,目前很难用函数表达式来描述其力学特性,所以在本构模型中不单独考虑这一阶段对岩石强度和变形的影响,将其归类到弹性阶段 Ⅰ 中。进入弹性阶段 AB 后,不仅应变随应力呈正比例关系,而且变形几乎表现为可恢复的弹性变形,岩石结构无太大变化,属于线弹性变形阶段。该阶段应力-应变曲线近似成正比例关系。OB 段,采用弹性模量 E 和泊松比 μ 来阐述其变形特征,B 点所对应的应力值称为屈服强度 σ_y,其对应的应变为屈服应变 ε_y。

（2）屈服阶段

BC 段,称为屈服阶段,当超过弹性极限以后,岩石内部的裂隙随着应力差的增大开始逐渐扩展并释放能量,是岩石微裂隙开始产生、扩展、累积的阶段。该阶段微裂隙的发展所造成的应力集中效应明显,在某些薄弱部位率先破坏,使应力重新分布,又引起次脆弱部位发生破坏,直至岩石彻底破坏。岩石的体积由压缩变为扩大,承载能力达到最大,这一阶段称为屈服阶段,为非线性变形阶段。为方便处理和分析,仍将该阶段视为弹性区,称为弹性段 Ⅱ,用 E_T 表示该阶段的弹性模量,假定该阶段泊松比与 OB 段一样,继续用 μ 表示。C 点所对应的应力值称为峰值强度 σ_p,也就是常说的岩石强度,相对应的应变称为峰值应变 ε_p。

（3）应变软化阶段

CD 段,称为应变软化阶段,岩石在达到峰值强度后,随着变形的增加,承载力下降,岩石发生应变软化。轴向压力使岩样形成破裂面,变形主要体现为宏观断裂面的块体滑移,岩样强度降低,变形变大,这种强度随着变形增大而逐渐下降称为渐进破坏。D 点所对应的应力值称为残余强度 σ_r,相应的应变为残余应变 ε_r。

(4)塑性流动阶段

DE 段,称为塑性流动阶段,该阶段岩样内部的微裂缝发展成为贯通性破坏面,应力在该阶段几乎不变,随着塑性变形的继续发展,最终强度不再降低,达到破碎松动的残余应变。该阶段可称为理想的塑性阶段,即 $\sigma = \sigma_r$。

2.7.2 强度和围压的关系

根据凝灰质粉砂岩的三轴压缩试验,将不同围压下凝灰质粉砂岩的屈服强度 σ_y、峰值强度 σ_p 和残余强度 σ_r 列于表2.14。

表2.14 三轴压缩下凝灰质粉砂岩的参数

岩样编号	围压 σ_3/ MPa	屈服强度 σ_y/ MPa	峰值强度 σ_p/ MPa	残余强度 σ_r/ MPa
A5-1	5	66.51	70.35	27.44
B5-1	10	88.75	96.22	38.41
C5-1	25	124.83	143.77	58.33
D5-1	40	145.53	161.71	60.40
E5-1	60	177.92	192.44	73.43

从凝灰质粉砂岩的三轴压缩试验可以得到凝灰质粉砂岩的强度具有以下特点:

(1)屈服强度与围压的关系

不同围压下凝灰质粉砂岩的屈服强度与围压的关系曲线如图2.54所示。

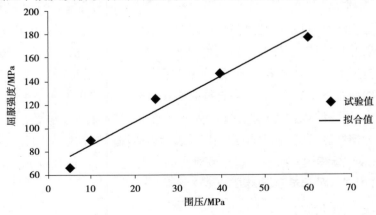

图2.54 屈服强度与围压的关系

由图2.54可以得到,凝灰质粉砂岩的屈服强度 σ_{1y} 随着围压的增大而增加,与围压接近成线性关系。相对于5 MPa围压下,10 MPa围压下凝灰质粉砂岩的屈服强度提高率为33.4%,25 MPa围压下凝灰质粉砂岩的屈服强度提高率为87.7%,40 MPa

围压下凝灰质粉砂岩的屈服强度提高率为 118.5%，60 MPa 围压下凝灰质粉砂岩的屈服强度提高率为 167.5%。对试验数据运用最小二乘法一元线性回归分析对围压与屈服强度进行线性分析，得到以下方程：

$$\sigma_{1y} = 1.9399\sigma_3 + 66.39 \qquad (2.47)$$

相关系数 $R^2 = 0.9713$，线性相关性较好。由式(2.47)可得：

$$f_1(\sigma_1, \sigma_3) = \sigma_1 - 1.9399\sigma_3 - 66.39 = 0 \qquad (2.48)$$

（2）峰值强度与围压的关系

不同围压下凝灰质粉砂岩的峰值强度与围压的关系曲线如图 2.55 所示。

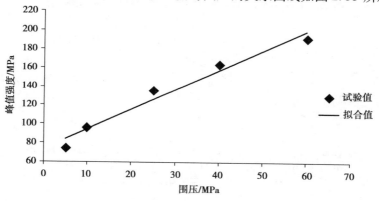

图 2.55　峰值强度与围压的关系

由图 2.55 可以得到，凝灰质粉砂岩的峰值强度 σ_{1p} 随着围压的增大而增加，与围压接近成线性关系。相对于 5 MPa 围压下，10 MPa 围压下凝灰质粉砂岩的峰值强度提高率为 36.8%，25 MPa 围压下凝灰质粉砂岩的峰值强度提高率为 104.4%，40 MPa 围压下凝灰质粉砂岩的峰值强度提高率为 129.9%，60 MPa 围压下凝灰质粉砂岩的峰值强度提高率为 173.5%。对试验数据运用最小二乘法一元线性回归分析对围压与峰值强度进行线性分析，得到以下方程：

$$\sigma_{1p} = 2.0932\sigma_3 + 73.487 \qquad (2.49)$$

相关系数 $R^2 = 0.9717$，线性相关性较好。由式(2.49)可得：

$$f_2(\sigma_1, \sigma_3) = \sigma_1 - 2.0932\sigma_3 - 73.487 = 0 \qquad (2.50)$$

对于凝灰质粉砂岩岩样的内摩擦角 φ、黏聚力 c，可以据此绘制岩样的极限轴向应力 σ_1 和围压 σ_3 的关系曲线，如图 2.55 所示。根据下列公式，可以计算得到凝灰质粉砂岩抗剪强度指标内摩擦角 φ 和黏聚力 c。

$$\begin{cases} \varphi = \arcsin\dfrac{m-1}{m+1} \\ c = \dfrac{\sigma_k(1 - \sin\varphi)}{2\cos\varphi} \end{cases} \qquad (2.51)$$

式中　σ_k——关系曲线纵坐标的应力截距，MPa；

m——关系曲线的斜率；

φ——岩石的内摩擦角，°；

c——岩石的黏聚力，MPa。

根据表达式(2.51)和图2.55计算得到凝灰质粉砂岩的内摩擦角 $\varphi = 20.70°$，黏聚力 $c = 25.39$ MPa。

(3)残余强度与围压的关系

不同围压下凝灰质粉砂岩的残余强度与围压的关系曲线如图2.56所示。

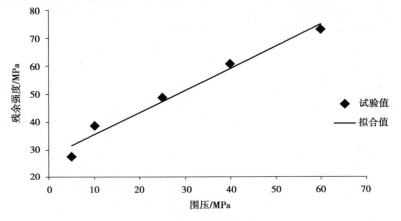

图2.56 屈服强度与围压的关系

由图2.56可以得到，凝灰质粉砂岩的残余强度 σ_{1r} 随着围压的增大而增加，与围压接近成线性关系。相对于5 MPa围压下，10 MPa围压下凝灰质粉砂岩的残余强度提高率为40.0%，25 MPa围压下凝灰质粉砂岩的残余强度提高率为112.6%，40 MPa围压下凝灰质粉砂岩的残余强度提高率为120.1%，60 MPa围压下凝灰质粉砂岩的残余强度提高率为167.6%。对试验数据运用最小二乘法一元线性回归分析对围压与残余强度进行线性分析，得到以下方程：

$$\sigma_{1r} = 0.791\,7\sigma_3 + 27.436 \tag{2.52}$$

相关系数 $R^2 = 0.976\,9$，线性相关性较好。由式(2.52)可得：

$$f_3(\sigma_1, \sigma_3) = \sigma_1 - 0.791\,7\sigma_3 - 27.436 = 0 \tag{2.53}$$

2.7.3 凝灰质粉砂岩常规三轴本构模型研究

岩石的本构关系为岩石的应力或应力速率与其应变或应变速率的变化关系，要想获得可靠的岩石力学数值分析结果，合理正确的本构模型是重要因素之一。岩石受荷发生劈裂破坏后，出现了应变软化的现象。以前，很多学者针对该阶段的特点研究应变软化本构模型，但试验条件的简陋和理论知识的不成熟，导致没有研究透彻该阶段的模型。后来，在分别研究红纱岩和和粉砂质泥岩的本构方程时，均提出了双线弹性段—线性软化—残余理想塑性的四线性模型。在研究强风化和弱风化砂岩中，为更准确地描述岩样的变形过程，将峰前划分为抛物线—线弹性—Duncan 双曲线三段模型。本文根据凝灰质粉砂岩三轴压缩下的变形过程并结合前人的研究情况，采用四线性模型分段建立本构方程来描述岩样的变形全过程。

1) 基本假设

为推导出各阶段的表示式，对岩样进行理想化假设：

① 在应变软化现象刚产生时，Mohr-Coulomb 强度准则适用于峰值强度。

② Mohr-Coulomb 强度准则也适用于残余强度。

③ σ-ε 曲线可简化为 4 条直线。

有了以上假设，可绘制出四线性分段模型，如图 2.57 所示。本模型所具有的优点：用双线性弹性比先前的单阶段线弹性更逼真地模拟出峰前岩石的变形过程，该阶段的 σ-ε 关系符合广义 Hooke 定律；将线性软化与线性残余塑性流动相结合，以描述峰后变形过程，比理想弹脆塑性更贴近于实际曲线。

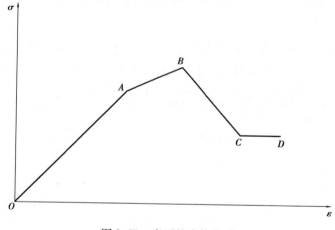

图 2.57　岩石的本构模型

2) 理论模型

从图 2.57 可以看出，广义 Hooke 定律适用于峰前 OA 和 OB 的双弹性线性阶段；假定峰后线性软化段 BC 中的屈服函数和轴向应变的关系呈线性，该曲线的斜率的函数用硬化模量 A 表示，因此 $A < 0$；残余塑性流动段 CD 中，硬化模量 A 为零，将屈服函数理想为残余强度的函数。

用以上四线性模型来描述凝灰质粉砂岩三轴压缩变形过程，可以得到凝灰质粉砂岩各阶段的本构方程。

（1）弹性段 I

本构方程可表示为：

$$\{d\varepsilon\} = [C]_{e1}\{d\sigma\} \tag{2.54}$$

其中，

$$[C]_{e1} = \frac{1}{E_{e1}}\begin{bmatrix} 1 & -\mu & -\mu & 0 & 0 & 0 \\ -\mu & 1 & -\mu & 0 & 0 & 0 \\ -\mu & -\mu & 1 & 0 & 0 & 0 \\ 0 & 0 & 0 & 2(1+\mu) & 0 & 0 \\ 0 & 0 & 0 & 0 & 2(1+\mu) & 0 \\ 0 & 0 & 0 & 0 & 0 & 2(1+\mu) \end{bmatrix}$$

或

$$\{d\sigma\} = [D]_{e1}\{d\varepsilon\} \tag{2.55}$$

式中　$[D]_{e1}$——刚度矩阵，$[D]_{e1} = [C]_{e1}^{-1}$；

　　E, μ——从试验中得到，$E_{e1} = 16.401$ GPa，$\mu = 0.172$。

（2）弹性段 II

AB 段中，围压的升高会引起曲线斜率 E_T 的变化，其方程式为：

$$E_T = 0.034\sigma_3 + 5.131 \tag{2.56}$$

从式（2.56）可以看出，围压上升导致 E_T 变大。当 $\sigma_3 = 0$ 时，$E_T = 5.131$ GPa。

本构方程可以表示为：

$$\{d\varepsilon\} = [C]_{e2}\{d\sigma\} \tag{2.57}$$

其中，

$$[C]_{e2} = \frac{1}{E_T}\begin{bmatrix} 1 & -\mu & -\mu & 0 & 0 & 0 \\ -\mu & 1 & -\mu & 0 & 0 & 0 \\ -\mu & -\mu & 1 & 0 & 0 & 0 \\ 0 & 0 & 0 & 2(1+\mu) & 0 & 0 \\ 0 & 0 & 0 & 0 & 2(1+\mu) & 0 \\ 0 & 0 & 0 & 0 & 0 & 2(1+\mu) \end{bmatrix}$$

或

$$\{d\sigma\} = [D]_{e2}\{d\varepsilon\} \tag{2.58}$$

其中，

$$[D]_{e2} = [C]_{e2}^{-1}$$

（3）线性软化阶段

塑性理论和 Mohr-Coulomb 屈服准则结合运用，在岩石破坏时，初始屈服函数为：

$$f_2(\sigma_1, \sigma_3) = \sigma_1 - k_1 \sigma_3 - b_1 = 0 \tag{2.59}$$

超过残余强度,屈服函数为:

$$f_3(\sigma_1, \sigma_3) = \sigma_1 - k_2 \sigma_3 - b_2 = 0 \tag{2.60}$$

根据式(2.50)和式(2.53),得到式(2.59)和式(2.60)中的参数为:$k_1 = 2.0932$, $b_1 = 73.487$, $k_2 = 0.7917$, $b_2 = 27.436$。

在软化阶段,假定在 $f_2(\sigma_1, \sigma_3)$ 和 $f_3(\sigma_1, \sigma_3)$ 之间,屈服函数随轴向应变 ε_1 发生线性变化,即:

$$F(\sigma_1, \sigma_3) = \sigma_1 - k(\varepsilon_1)\sigma_3 - b(\varepsilon_1) = 0 \tag{2.61}$$

其中,

$$\begin{cases} k(\varepsilon_1) = k_1 + \dfrac{\varepsilon_1 - \varepsilon_1^f}{\varepsilon_1^f - \varepsilon_1^r}(k_1 - k_2) \\[3mm] b(\varepsilon_1) = b_1 + \dfrac{\varepsilon_1 - \varepsilon_1^f}{\varepsilon_1^f - \varepsilon_1^r}(b_1 - b_2) \end{cases}$$

式中　ε_1^f——峰值强度所对应的峰值应变;

　　　ε_1^r——残余强度所对应的残余应变。

从 $\sigma\text{-}\varepsilon$ 曲线可以看出,ε_1^f、ε_1^r 与围压之间存在一定的关系,通过一次拟合可以得到:

$$\varepsilon_1^f = 0.0015\sigma_3 + 1.0211 \tag{2.62}$$

$$\varepsilon_1^r = 0.0022\sigma_3 + 1.1603 \tag{2.63}$$

软化系数 E_R 和围压 σ_3 的关系可以通过函数 $f_2(\sigma_1, \sigma_3)$ 和 $f_3(\sigma_1, \sigma_3)$ 计算得到:

$$E_R = -\frac{1.3015\sigma_3 + 46.051}{0.0007\sigma_3 + 0.1392} \tag{2.64}$$

所以,该段的本构方程为:

$$\mathrm{d}\sigma_{ij} = ([D]_{el} - [D]_p)\{\mathrm{d}\varepsilon_{ij}\} \tag{2.65}$$

$$[D]_p = \frac{[D]_{el}\left(\dfrac{\partial F}{\partial \sigma_{ij}}\right)\left(\dfrac{\partial F}{\partial \sigma_{ij}}\right)^T [D]_{el}}{A + \left(\dfrac{\partial F}{\partial \sigma_{ij}}\right)^T [D]_{el}\left(\dfrac{\partial F}{\partial \sigma_{ij}}\right)} \tag{2.66}$$

式中　$[D]_{el}$、$[D]_p$——岩样弹性段的弹性矩阵和塑性矩阵;

　　　A——硬化模量。

对于该阶段,$A < 0$,将 Owen 给出的公式应用到三轴,推导得到:

$$A = \frac{E_R}{1 - \dfrac{E_R}{E}} \tag{2.67}$$

（4）线性残余塑性流动段

为简便起见,按理想塑性流动来处理残余塑性流动段,因此屈服面在此阶段为固定的。凝灰质粉砂岩的屈服面方程为：

$$F(\sigma_1,\sigma_3) = f_3(\sigma_1,\sigma_3) \tag{2.68}$$

硬化模量 $A=0$，因此该段的本构方程可写为：

$$\mathrm{d}\sigma_{ij} = ([D]_{\mathrm{el}} - [D]_{\mathrm{P}})\{\mathrm{d}\varepsilon_{ij}\} \tag{2.69}$$

$$[D]_{\mathrm{p}} = \frac{[D]_{\mathrm{el}}\left(\dfrac{\partial F}{\partial \sigma_{ij}}\right)\left(\dfrac{\partial F}{\partial \sigma_{ij}}\right)^{T}[D]_{\mathrm{el}}}{\left(\dfrac{\partial F}{\partial \sigma_{ij}}\right)^{T}[D]_{\mathrm{el}}\left(\dfrac{\partial F}{\partial \sigma_{ij}}\right)} \tag{2.70}$$

2.8　相同围压、不同含水条件下凝灰质粉砂岩的三轴压缩试验

随着地下矿山开采深度的逐渐加深，岩石将处于高地应力的复杂环境中，使得深部岩石力学行为明显不同于浅部岩石力学行为，致使进入深部开采以后岩爆、突水和采场失稳等一系列灾害性事故频发，且有不断加剧的趋势。由高地应力而带来的地质灾害问题已得到高度重视。目前，针对岩石在高应力条件下的力学研究主要是通过室内岩石三轴压缩试验进行，大部分是针对不同围压条件下岩石的三轴试验，如李斌等对花岗岩进行不同围压条件下的三轴加载破坏试验，深入系统地分析岩石在高围压和低围压下偏应力-应变特征、破坏断面特征和三轴强度特征的差异；但很少有学者研究岩石处在高地应力环境下，水对岩石强度的影响。

为了研究高地应力环境下，水对凝灰质粉砂岩三轴压缩试验力学特性的影响，进行了围压为 60 MPa 下，干燥以及浸水时间为 4 h、12 h 和 360 h 等状态下的凝灰质粉砂岩的三轴压缩试验。

进行围压为 60 MPa 不同含水条件下三轴压缩试验的岩样制备方法按照前述试验岩样的制备方法进行。选取平整度、外观质量良好的岩样进行编号，依次为 A4-1，B4-1，C4-1，D4-1，将岩样放在烘箱里，在 105~110 ℃下烘 24 h，取出放入干燥器内冷却至室温后称得其干燥质量，并用游标卡尺量取岩样的高度和直径。

2.8.1　吸水性试验结果及分析

将编号为 B4-1，C4-1，D4-1 的岩样进行浸水试验，4 h、12 h 和 360 h 后依次取出 B4-1，C4-1，D4-1 岩样，擦干岩样表面的水，测得浸水后岩样的质量，从而得到浸泡后岩样的含水量。试验岩样尺寸、质量及含水率数据见表 2.15。

表 2.15 轴压缩岩样的尺寸、质量及含水率

岩样编号	浸水时间/h	干燥状态下的质量/g	吸水状态下的质量/g	直径 D/mm	高度 H/mm	含水率/%
A4-1	干燥	476.01	—	50.12	100.08	—
B4-1	4	474.81	475.68	49.96	100.26	0.184
C4-1	12	474.65	476.08	49.88	100.34	0.301
D4-1	360	476.15	478.78	50.26	99.76	0.552

根据表 2.15,可得到岩样含水率与时间的关系曲线,如图 2.58 所示。可知岩样的含水率在 0 ~ 0.552% 变化,随着浸水时间的增加而增大。该图像的变化趋势与前述岩样含水率及变化情况基本吻合。综合前述章节中的情况可以得到,岩样自然含水率随着浸水时间的增加而增大,其变化在短时间内较明显。

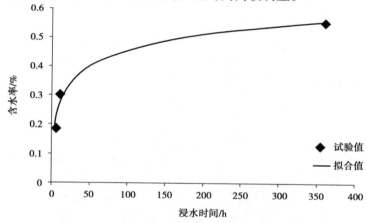

图 2.58 三轴压缩岩样含水率随浸水时间的关系

凝灰质粉砂岩三轴压缩岩样含水率与时间有着良好的对数函数关系,其有关方程为:

$$\omega_a = 0.079\,9\ln(t) + 0.085\,8 \tag{2.71}$$

相关系数 $R^2 = 0.993\,6$。

2.8.2 等围压、不同含水条件下三轴压缩试验

为了模拟高地应力环境下,水对凝灰质粉砂岩三轴压缩试验力学特性的影响。本次试验围压设为 60 MPa,岩样分别处于干燥状态、浸水 4 h、浸水 12 h 和浸水 360 h,通过不同浸水时间来确定岩样的含水率,即可得到等围压、不同含水条件下凝灰质粉砂岩在三轴压缩试验中的峰值强度。首先对岩样施加围压,施加速率为 0.5 MPa/s,施加到预定围压 60 MPa 后,采用轴向变形控制轴向压力的加载,轴向位移的加载速率控制选择为 0.1 mm/min,直至岩样受荷破坏,系统自动记录破坏的整个过程的岩

石全应力-应变关系曲线。

通过上述试验方案对凝灰质粉砂岩岩样进行等围压、不同含水条件下的三轴压缩试验,试验中记录的数据主要有轴向应力-应变关系曲线以及岩样破坏时的峰值强度。

1)轴向应力-应变曲线分析

等围压、不同含水条件下凝灰质粉砂岩的三轴应力-应变全过程曲线如图 2.59 所示。由图可知,随着浸水时间的增大,岩石的峰值强度在下降。试验后岩样的照片如图 2.60 所示。

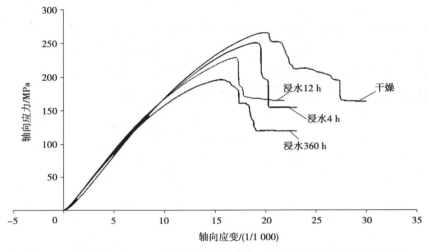

图 2.59　围压为 60 MPa、不同含水条件下的三轴应力-应变全过程曲线图

图 2.60　岩样破坏照片

从等围压、不同含水条件下凝灰质粉砂岩的三轴应力-应变全过程曲线图几乎符合典型三轴压缩应力-应变全过程曲线。该应力-应变曲线图包括 4 个阶段：裂隙压密阶段、线弹性变形阶段、裂隙稳定扩展阶段和裂隙非稳定扩展阶段。

2）等围压、不同含水条件下凝灰质粉砂岩的三轴压缩数据分析

从图 2.59 中可以得到等围压不同含水条件下凝灰质粉砂岩三轴压缩的峰值强度、弹性模量和泊松比，试验结果见表 2.16。

表 2.16　等围压不同含水条件下凝灰质粉砂岩三轴压缩数据

岩样编号	浸水时间/h	含水率 ω/%	峰值强度 σ_p/MPa	弹性模量 E/GPa	泊松比 μ
A4-1	0	0	265.56	16.933	0.153
B4-1	4	0.184	250.80	16.707	0.161
C4-1	12	0.301	229.06	16.565	0.168
D4-1	360	0.552	196.16	16.385	0.180

由表 2.16 可知，在围压为 60 MPa 时，凝灰质粉砂岩三轴压缩的峰值强度在 196.16～265.56 MPa 变化；弹性模量在 16.385～16.933 GPa 变化；泊松比在 0.153～0.180 变化。并且，随着浸水时间的变化存在着一定的规律：随着浸水时间的增加，峰值强度和弹性模量呈现下降的趋势，泊松比呈现上升的趋势。

结合表 2.16，通过最小二乘法用多项式进行拟合可以得到峰值强度、弹性模量以及泊松比与含水量的关系曲线图，如图 2.61～图 2.63 所示。从表 2.16 可知，在围压为 60 MPa 时，干燥状态下，凝灰质粉砂岩的峰值强度为 265.56 MPa，弹性模量为 16.933 MPa，泊松比为 0.153；浸水 4 h 后，平均含水量为 0.184%，抗压强度为 250.80 MPa，下降了 14.76 MPa，弹性模量为 16.707 GPa，下降了 0.226，泊松比为 0.161，上升了 0.008；浸水 12 h 后，含水量为 0.301%，此时峰值强度为 229.06 MPa，下降了 36.5 MPa，弹性模量为 16.565 GPa，下降了 0.368，泊松比为 0.168，上升了 0.015；浸水 360 h 后，含水量为 0.552%，此时峰值强度为 196.16 MPa，下降了 69.4 MPa，弹性模量为 16.385 GPa，下降了 0.548，泊松比为 0.180，上升了 0.027。在围压 60 MPa 时，相对于干燥状态下的，浸水 360 h 后，岩样的三轴压缩峰值强度下降的幅度为 26.1%，弹性模量下降的幅度为 3.2%，泊松比上升的幅度为 17.6%。由此可以得出，随着含水量的变化，弹性模量的变化程度相对于泊松比和峰值强度要轻微得多，三轴压缩峰值强度相对于泊松比受含水量的影响较敏感。

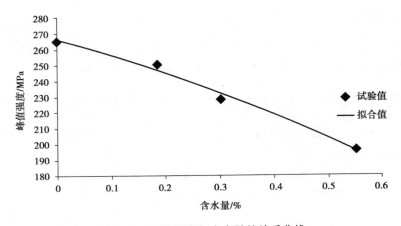

图 2.61　峰值强度与含水量的关系曲线

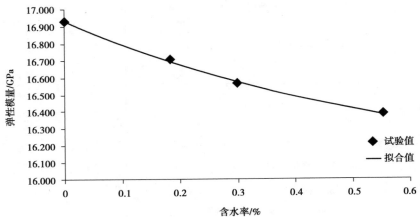

图 2.62　弹性模量与含水量的关系曲线

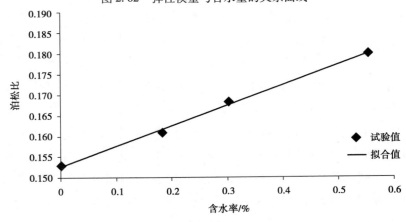

图 2.63　泊松比与含水量的关系曲线

通过二次拟合,得到三轴压缩峰值强度 σ_p、弹性模量 E 和泊松比 μ 与含水量 ω 的函数关系,其相关方程分别为:

三轴压缩峰值强度 σ_{p}：

$$\sigma_{\mathrm{p}} = -65.333\omega^2 - 91.528\omega + 265.99 \tag{2.72}$$

相关系数 $R^2 = 0.989\ 5$。

弹性模量 E：

$$E = 0.803\ 1\omega^2 - 1.443\ 5\omega + 16.936 \tag{2.73}$$

相关系数 $R^2 = 0.998\ 9$。

泊松比 μ：

$$\mu = 0.003\ 9\omega^2 + 0.047\ 3\omega + 0.152\ 8 \tag{2.74}$$

相关系数 $R^2 = 0.997\ 9$。

2.9　不同吸水时间三轴压缩试验下凝灰质粉砂岩的损伤本构模型

本节探究水影响下凝灰质粉砂岩的力学特性,以浸水试验和常规三轴压缩试验为依据,将连续损伤理论和统计强度理论相结合,根据广义 Hooke 定律确定应变与应力的状态关系;考虑到吸水时间决定岩样的含水量,因此选择吸水时间为损伤参量来建立与应力-应变状态的关系,推导出反映岩石变形破坏的有效参数,从而确定岩样的损伤本构模型。

2.9.1　建立损伤演化方程

假设物质微元数目在某一应变量下损坏数目为 N_ε,将已损坏的微元数与总微元数的比值定义为损伤变量 D,则

$$D = \frac{N_\varepsilon}{N} \tag{2.75}$$

假设岩样强度遵循 Weibull 分布,则其概率密度函数为：

$$P(\varepsilon) = \frac{m}{F}\left(\frac{\varepsilon}{F}\right)^{m-1}\exp\left[-\left(\frac{\varepsilon}{F}\right)^m\right] \tag{2.76}$$

式中　$P(\varepsilon)$——应变为 ε 时,微元对应的破坏概率；

　　　　m——Weibull 分布的形态参数；

　　　　F——所有微元的平均微应变；

　　　　ε——微元体的应变。

当岩样的应变量为 ε,已损坏的微元数目为：

$$N_\varepsilon = \int_0^\varepsilon NP(x)\,\mathrm{d}x = N\left(1 - \exp\left[-\left(\frac{\varepsilon}{F}\right)^m\right]\right) \tag{2.77}$$

将表达式(2.77)代入式(2.75),可得:

$$D = \frac{N_\varepsilon}{N} = 1 - \exp\left[-\left(\frac{\varepsilon}{F}\right)^m\right] \qquad (2.78)$$

由式(2.78)可知,D 的取值为 $0 \sim 1$。

引入应变等价性假说,根据 Hooke 定律可以得到主应变为:

$$\varepsilon_i = \frac{1}{E}\left[(1+\mu)\sigma_i^* - \mu(\sigma_1 + \sigma_2 + \sigma_3)\right](i = 1,2,3) \qquad (2.79)$$

式中 σ_i^*——有效主应力;

  E——弹性模量;

  μ——泊松比。

有效应力是指受损材料有效面积上的应力,有效面积是去除微裂纹和空隙等损伤面积之后的净面积。根据 J. Lemaitre 应变等价性原理可知:

$$\sigma_i^* = \frac{\sigma_i}{1-D}(i = 1,2,3) \qquad (2.80)$$

将表达式(2.80)代入式(2.79),可得:

$$D = 1 - \frac{1}{E\varepsilon_i}\left[(1+\mu)\sigma_i - \mu(\sigma_1 + \sigma_2 + \sigma_3)\right] \qquad (2.81)$$

再将表达式(2.81)代入式(2.78),基于 Weibull 分布的岩样统计损伤本构关系为:

$$\exp\left[-\left(\frac{\varepsilon}{F}\right)^m\right] = \frac{1}{E\varepsilon_i}\left[(1+\mu)\sigma_i - \mu(\sigma_1 + \sigma_2 + \sigma_3)\right] \qquad (2.82)$$

2.9.2 三轴压缩试验下岩样的统计损伤本构方程

统计损伤本构方程式(2.82)中的形态参数 m 和平均微应变 F 只能通过岩石试验来确定,所以以下研究是依据于岩样常规三轴压缩试验的统计损伤方程。

常规三轴试验($\sigma_1 > \sigma_2 = \sigma_3$)主要研究围压($\sigma_2 = \sigma_3$)对岩石力学性质的影响,因此,根据表达式(2.82)可以得到常规三轴压缩试验下岩样的损伤本构关系:

$$\sigma_1 = E\varepsilon_1\exp\left[-\left(\frac{\varepsilon}{F}\right)^m\right] + 2\mu\sigma_3 \qquad (2.83)$$

$$\sigma_3 = \frac{E\varepsilon_3\exp\left[-\left(\frac{\varepsilon}{F}\right)^m\right]}{1-\mu} + \frac{\mu\sigma_1}{1-\mu} \qquad (2.84)$$

2.9.3 模型参数的确定

岩石三轴压缩破坏过程试验曲线满足下列几何条件:

①$\varepsilon_1 = \varepsilon_p, \sigma_1 = \sigma_p$;

②$\varepsilon_1 = \varepsilon_p, \dfrac{d\sigma_1}{d\varepsilon_1} = 0$。

式中　σ_p, ε_p——曲线峰值点对应的应力值和应变值。

根据几何条件①和表达式(2.83)解得:

$$\exp\left[-\left(\frac{\varepsilon}{F} \right)^m \right] = \frac{(\sigma_p - 2\mu\sigma_3)}{E\varepsilon_p} \tag{2.85}$$

根据多远函数全微分定则,可得:

$$d\sigma_1 = \frac{\partial \sigma_1}{\partial \varepsilon_1}d\varepsilon_1 + \frac{\partial \sigma_1}{\partial \varepsilon_3}d\varepsilon_3 \tag{2.86}$$

对表达式(2.83)、(2.84)两边进行微分,则

$$d\sigma_1 = A_1 d\varepsilon_1 + A_2 d\varepsilon + A_3 dm + A_4 dF + 2\mu d\sigma_3 \tag{2.87}$$

其中:$A_1 = \dfrac{\partial \sigma_1}{\partial \varepsilon_1}; A_2 = \dfrac{\partial \sigma_1}{\partial \varepsilon}; A_3 = \dfrac{\partial \sigma_1}{\partial m}; A_4 = \dfrac{\partial \sigma_1}{\partial F}$。

$$d\sigma_3 = B_1 d\varepsilon_1 + B_2 d\varepsilon + B_3 dm + B_4 dF + \frac{\mu}{(1 - \mu)d\sigma_1} \tag{2.88}$$

其中:$B_1 = \dfrac{\partial \sigma_3}{\partial \varepsilon_3}; B_2 = \dfrac{\partial \sigma_3}{\partial \varepsilon}; B_3 = \dfrac{\partial \sigma_3}{\partial m}; B_4 = \dfrac{\partial \sigma_3}{\partial F}$。

由广义 Hooke 定律和 Von Mises 屈服准则,可知表达式(2.83)、(2.84)中的应变表达式分别为:

$$\varepsilon = \varepsilon_1 - \frac{(1 - 2\mu)\sigma_3}{E} \tag{2.89}$$

$$\varepsilon = -\frac{\varepsilon}{\mu} + \frac{(1 - 2\mu)\sigma_3}{\mu E_0} \tag{2.90}$$

因此,表达式(2.87)中

$$d\varepsilon = N_{11} d\varepsilon_1 + N_{12} d\varepsilon_3 \tag{2.91}$$

其中:$N_{11} = \partial \varepsilon / \partial \varepsilon_1; N_{12} = \partial \varepsilon / \partial \varepsilon_3$。

表达式(2.88)中

$$d\varepsilon = N_{21} d\varepsilon_3 + N_{22} d\varepsilon_3 \tag{2.92}$$

其中:$N_{21} = \partial \varepsilon / \partial \varepsilon_3; N_{22} = \partial \varepsilon / \partial \varepsilon_3$。

假设参数 m, F 仅为围压的函数,因此有:

$$dm = N_3 d\sigma_3 \tag{2.93}$$

$$dF = N_4 d\sigma_3 \tag{2.94}$$

将表达式(2.91)~(2.92)代入表达式(2.93)和式(2.94)并化简可得:

$$d\sigma_1 - (A_1 + A_2 N_{11})d\varepsilon_1 + U d\sigma_3 = 0 \tag{2.95}$$

$$\frac{\mu}{1 - \mu}d\sigma_1 + (B_1 + B_2 N_{21})d\varepsilon_3 + V d\sigma_3 = 0 \tag{2.96}$$

其中:$U = -A_2 N_{12} - A_3 N_3 - A_4 N_4 - 2\mu$;$V = B_2 N_{22} + B_3 N_3 + B_4 N_4 - 1$。

联立式(2.95)和式(2.96)消去 $\mathrm{d}\sigma_3$,再对照式(2.86),则有:

$$\frac{\mathrm{d}\sigma_1}{\mathrm{d}\varepsilon_1} = \frac{(1-\mu)V(A_1 + A_2 N_{11})}{(1-\mu)V - \mu U} \tag{2.97}$$

由几个条件可得:

$$A_1 + A_2 N_{11} = 0 \tag{2.98}$$

其中:$A_1 = E\exp\left[-\left(\dfrac{\varepsilon}{F}\right)^m\right]$;$A_2 = -E\varepsilon_1 \exp\left[-\left(\dfrac{\varepsilon}{F}\right)^m\right]\left(\dfrac{\varepsilon}{F}\right)^m \dfrac{m}{\varepsilon}$;$N_{11} = 1$。

求解表达式(2.98),则:

$$F = \left[\varepsilon_{\mathrm{p}} - (1 - 2\mu)\sigma_3/E\right]\left[\frac{m\varepsilon_{\mathrm{p}}}{\varepsilon_{\mathrm{p}} - (1 - 2\mu)\sigma_3/E}\right]^{1/m} \tag{2.99}$$

联立表达式(2.85)和式(2.99)求解,则:

$$m = \frac{\varepsilon_{\mathrm{p}} - (1 - 2\mu)\sigma_3/E}{\varepsilon_{\mathrm{p}}\ln\dfrac{E\varepsilon_{\mathrm{p}}}{\sigma_{\mathrm{p}} - 2\mu\sigma_3}} \tag{2.100}$$

由表达式(2.70)、式(2.72)和式(2.73),可得在围压 $\sigma_3 = 60$ MPa 下,吸水时间 t、弹性模量 E 和泊松比 μ 与含水量的定量关系:

$$\omega_{\mathrm{a}} = a\ln(t) + b \tag{2.101}$$

$$E = c\omega_{\mathrm{a}}^2 + d\omega_{\mathrm{a}} + E_0 \tag{2.102}$$

$$\mu = f\omega_{\mathrm{a}}^2 + g\omega_{\mathrm{a}} + \mu_0 \tag{2.103}$$

式中　E_0, μ_0——拟合参数曲线上吸水时间为零的弹性模量和泊松比;

ω_{a}——含水率,干燥条件下为 0;

a, b, c, d, e, f, g——函数拟合系数;

t——吸水时间。

整理表达式(2.101)、式(2.102)和式(2.103)后,再与式(2.83)、式(2.99)、式(2.100)联立求解,解得考虑吸水时间的三轴压缩试验下岩样的统计损伤本构模型为:

$$\sigma_1 = \left\{c[a\ln(t) + b]^2 + d[a\ln(t) + b] + E_0\right\}\varepsilon\exp\left[-\left(\frac{\varepsilon}{F}\right)^m\right] +$$

$$2\left\{f[a\ln(t) + b]^2 + g[a\ln(t) + b] + \mu_0\right\}\sigma_3 \tag{2.104}$$

$$F = \left[\varepsilon_{\mathrm{p}} - (1 - 2\{f[a\ln(t) + b]^2 + g[a\ln(t) + b] + \mu_0\})\sigma_3/\{c[a\ln(t) + b]^2 + d[a\ln(t) + b] + E_0\}\right] \cdot$$

$$\left[\frac{m\varepsilon_{\mathrm{p}}}{\varepsilon_{\mathrm{p}} - (1 - 2\{f[a\ln(t) + b]^2 + g[a\ln(t) + b] + \mu_0\})\sigma_3/\{c[a\ln(t) + b]^2 + d[a\ln(t) + b] + E_0\}}\right]^{-1/m} \tag{2.105}$$

$$m = \frac{\varepsilon_{\mathrm{p}} - (1 - 2\{f[a\ln(t) + b]^2 + g[a\ln(t) + b] + \mu_0\})\sigma_3/\{c[a\ln(t) + b]^2 + d[a\ln(t) + b] + E_0\}}{\cdot\varepsilon_{\mathrm{p}}\cdot\ln\dfrac{\varepsilon_{\mathrm{p}}\{c[a\ln(t) + b]^2 + d[a\ln(t) + b] + E_0\}}{\sigma_{\mathrm{p}} - 2\{f[a\ln(t) + b]^2 + g[a\ln(t) + b] + \mu_0\})\sigma_3}} \tag{2.106}$$

2.9.4　本构模型的试验验证

利用拟合参数曲线上吸水时间为零的初始数据 $E_0 = 16.936, \mu_0 = 16.936, a = 0.0799, b = 0.0858, c = 0.8031, d = -1.4435, f = -0.0039, g = 0.0473$，计算求出各浸水时间状态下岩样的损伤统计本构方程中的参数，如表 2.17 所示。从表 2.17 可以看出，Weibull 分布的形态参数 m 在 2.2 ~ 2.9 变化，微元的平均微应变 F 在 20 ~ 27 变化，随着吸水时间的加长而降低。

表 2.17　岩样三轴压缩损伤统计力学参数

岩样编号	t/h	E_c/GPa	μ	$\varepsilon_p/(10^{-3})$	σ_p/MPa	$\sigma_3//MPa$	m	$F/(10^{-3})$
A4-1	0	16.936	0.153	20.03	265.56	60	2.755	26.608
B4-1	4	16.683	0.162	19.07	250.80	60	2.738	25.267
C4-1	12	16.590	0.167	17.03	229.06	60	2.851	22.270
D4-1	360	16.382	0.180	15.59	196.16	60	2.233	20.417

将表 2.17 中的数据代入表达式（2.104），得到凝灰质粉砂岩在等围压、不同含水条件下的常规三轴压缩损伤统计本构模型下的模拟曲线，再与试验结果进行对比分析。图 2.64 ~ 图 2.67 为吸水时间分别为 0 h、4 h、12 h 和 360 h 下本构模型和试验应力-应变曲线的对照，能够看出模型曲线在峰值强度之前和试验曲线大部分相吻合，因此表达式（2.105）能很好地描述出凝灰质粉砂岩在泡水后峰值强度之前的损伤变形过程。

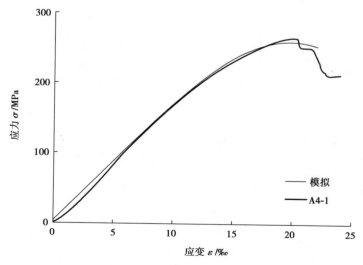

图 2.64　浸水 0 h 凝灰质粉砂岩试验曲线与理论曲线对比

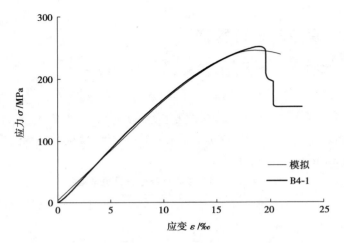

图 2.65　浸水 4 h 凝灰质粉砂岩试验曲线与理论曲线对比

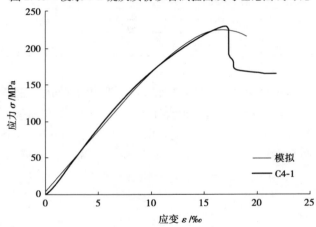

图 2.66　浸水 12 h 凝灰质粉砂岩试验曲线与理论曲线对比

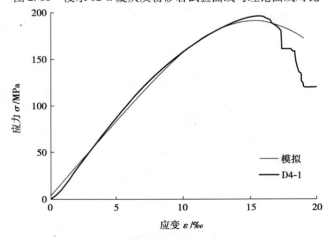

图 2.67　浸水 360 h 凝灰质粉砂岩试验曲线与理论曲线对比

本章对不同含水条件的凝灰质粉砂岩进行了直剪试验和单轴压缩试验,了解了直剪参数、单轴抗压强度、弹性模量、泊松比与含水量之间的关系,建立了不同吸水条件下凝灰质粉砂岩的损伤本构关系;对不同含水率情况下的凝灰质粉砂岩进行单轴压缩蠕变试验,得到了不同含水率状态下的蠕变曲线,又对相同含水率状态下的蠕变曲线进行了分析;进行了天然状态下凝灰质粉砂岩在不同围压下的常规三轴压缩试验和等围压不同含水条件下凝灰质粉砂岩的常规三轴压缩试验,建立了凝灰质粉砂岩常规本构方程以及不同含水条件下的常规三轴压缩损伤本构方程。

第3章
大跨偏压小净距隧道力学特性分析

3.1 大跨偏压小净距隧道的判定和特点

3.1.1 大跨偏压小净距隧道的判定

本文将主要针对浅埋段大跨偏压小净距隧道的施工控制技术进行研究。

1）大跨隧道的判定

按照《公路隧道施工技术细则》（JTG/T F60—2009）将隧道跨度分为4类，见表3.1。

表3.1 公路隧道跨度分类表

序次	按跨度分类	开挖宽度 B/m
1	小跨度隧道	$B < 9$
2	中跨度隧道	$9 \leqslant B < 14$
3	大跨度隧道	$14 \leqslant B < 18$
4	超大跨度隧道	$B \geqslant 18$

2）小净距隧道的判定

一般情况下，小净距隧道是指双洞隧道线净距不满足《公路隧道设计规范》（JTG D70/2—2014）规定时（B 表示单洞跨度），即为小净距隧道，见表3.2。

表 3.2　分离式隧道双洞间的最小净距

围岩级别	Ⅰ	Ⅱ	Ⅲ	Ⅳ	Ⅴ
独立双洞最小净距/m	1.0B	1.5B	2B	2.5B	3.5B

3) 偏压隧道的判定

(1) 由地形引起的偏压

一般地,需要通过围岩级别、偏压坡度和覆土厚度来判定隧道是否偏压。当隧道拱肩至地表的垂直距离 x 值小于或等于表 3.3 所列数值时,即称为偏压。在Ⅳ~Ⅴ级围岩中,隧道的偏压主要是因为地形引起的。

表 3.3　偏压隧道围岩覆盖厚度 x 值　　　　单位:m

围岩级别	地面坡度			
	1:1	1:1.5	1:2	1:2.5
Ⅳ	12	11	10	9
Ⅴ	35	30	25	20

(2) 地质构造引起的偏压

地质构造引起的隧道偏压常见于多裂隙围岩中。当隧道某处穿过地层软弱面时,岩层具有沿软弱面运动的趋势,从而产生偏压,这便是地质构造引起的偏压。

(3) 施工原因引起的偏压

隧道开挖时,由施工顺序、开挖步距等引起的隧道一侧围岩形成不稳定土体的现象,称为施工原因引起的偏压。

3.1.2　大跨偏压小净距隧道的基本特点

1) 大跨度

随着跨度的增大,隧道大断面和低扁平率的特点被显现出来。一般公路隧道扁平率见表 3.4。隧道开挖高度与其开挖宽度的比值称为扁平率(H/B)。低扁平率导致隧道开挖后,拱脚处产生应力集中,易使围岩稳定性变差从而产生塌方,不利于围岩及支护结构的整体稳定性。

表 3.4　一般公路隧道扁平率

车道	两车道	三车道	四车道
扁平率(H/B)	0.8	0.65	0.5

2) 小净距

隧道的小净距特点主要体现在中夹岩的稳定上,在隧道施工过程中,中夹岩的稳定是保证隧道施工安全的前提条件。因为隧道小净距的特点,从而使隧道开挖顺序、先后行洞合理间距的影响变大。

3) 易出工程事故

如果隧道具有大跨偏压小净距的特点,再加之隧道的施工环境为复杂地质条件,则隧道在施工过程中不采取相应措施,极易产生安全事故。

3.2 大跨偏压小净距隧道围岩稳定基本理论

3.2.1 基于重力和构造因素下的岩体初始应力场

隧道周边岩体的原有平衡状态在修建隧道时被破坏,相应的应力会重新分布。新产生的应力可能导致隧道周围岩体相应强度无法适应,这时岩体会发生破坏失稳。为了抵御这种失稳带来的变形破坏,多余的围岩压力需要通过隧道初砌的承载力来消化,这种多余的围岩压力产生的根本原因是地层中的初始地应力场。

岩体在被开挖之前的天然静应力场就是岩体的初始应力场。初始应力场主要受物理力学属性、地形地貌等本身属性以及地壳运动地下水、人类活动等外界变化等影响。而在上述的各种影响因素中,自重应力和构造应力是主要影响因素。所以,可以认为岩体初始地应力由两种力系构成:

$$\sigma = \sigma_\gamma + \sigma_T \tag{3.1}$$

式中　σ_γ——自重应力场;

　　　σ_T——构造应力场。

（1）自重应力场

对地层结构进行理想化假设是,可认为岩体具有水平成层、地面平坦,且所有物性参数在 x、y 二维平面内均质。此时,距地面任意深度 h 处的应力为:

$$\sigma_z = \int_0^h \gamma(z)\,\mathrm{d}z = \sigma_z(z) \tag{3.2}$$

$$\left.\begin{array}{c} \sigma_x = \sigma_x(z) \\ \sigma_y = \sigma_y(z) \end{array}\right\} \tag{3.3}$$

$$\tau_{xy} = \tau_{yz} = \tau_{zx} = 0 \tag{3.4}$$

式中　$\gamma(z)$——单元体积上的岩体重力,kN/m^3。

从弹性空间体的 Hooke 定律:

$$\left. \begin{aligned} \varepsilon_x &= \frac{1}{E}\big[\sigma_x - \mu(\sigma_y + \sigma_z)\big] \\ \varepsilon_y &= \frac{1}{E}\big[\sigma_y - \mu(\sigma_x + \sigma_z)\big] \\ \varepsilon_z &= \frac{1}{E}\big[\sigma_z - \mu(\sigma_x + \sigma_z)\big] \end{aligned} \right\} \tag{3.5}$$

可以推导出水平应力分量为:

$$\left. \begin{aligned} \sigma_x &= \frac{\mu}{1-\mu}\sigma_z \\ \sigma_y &= \frac{\mu}{1-\mu}\sigma_z \end{aligned} \right\} \tag{3.6}$$

式中　μ——泊松比;

　　$\dfrac{\mu}{1-\mu}$——侧压力系数。

对于多层不同岩石,如图 3.1 所示,式(3.2)可表示为:

$$\sigma_z = \sum_{i=1}^{n} \gamma_i h_i \tag{3.7}$$

式中　γ_i, h_i——第 i 层岩体容重和岩厚,且 $h = \sum\limits_{i=1}^{n} h_i$。

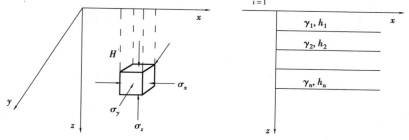

图 3.1　自重应力场

由此可知,岩体自重应力场与深度成正比,这是基于将地层理想化后得出的结论。但事实是,地层在经历了地壳运动后,会产生各种各样的变形、裂隙等,这些都会使岩体的初始应力更为复杂。

（2）构造应力场

构造应力场是指地壳在地质运动过程中产生的应力。由于构造应力较为复杂,目前较难通过函数解析式表达,而是利用测量方法来实现。

3.2.2　隧道结构基本理论

在 19 世纪后期弹性力学理论运用到结构计算中之前,地层结构计算一直采用刚体力学理论。目前,弹性力学仍是计算地下结构的基本理论,较晚期出现的黏、弹、塑性力学理论由于本身较为复杂,局限性较大,适用性有限。具体到隧道工程,在这方面的前人已经取得了一定的成果,如塔罗勃和卡斯特奈研究出了圆形隧道的弹塑性解;我国的孙均、侯学渊等也分别得出了圆形隧道的弹性、黏弹性解。

3.2.3　基于弹性力学方法的圆形隧道围岩应力场及围岩位移

1)应力场计算

根据弹性力学方法,可知隧道开挖实质上属于孔口应力集中问题,它可以看作两部分:初始场和开挖过程的应力重分布,如图 3.2 所示。

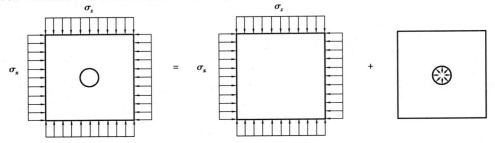

图 3.2　隧道开挖应力场

所得应力函数为:

$$\varphi(r,\theta) = A \ln r + Br^2 \ln r + C'r^2 + D' + (Gr^{-2} + F)\cos 2\theta \tag{3.8}$$

应力分量:

$$\left.\begin{array}{l} \sigma_r = \dfrac{A}{r^2} + B(2 \ln r + 1) + 2C' - 2(C + 3Gr^{-4})\cos 2\theta \\[3mm] \sigma_\theta = -\dfrac{A}{r^2} + B(2 \ln r + 3) + 2C' + 2(C + 6Dr^2 + 3Gr^{-4})\cos 2\theta \\[3mm] \tau_{r\theta} = 2(C + 3Dr^2 - 3Gr^{-4} - Fr^{-2})\sin 2\theta \end{array}\right\} \tag{3.9}$$

式中　$A,B,C,D,G,F、C',D'$——由边界条件确定;

　　　r,θ——r 应力点至孔口中心距离,θ 极坐标系中应力点的极角。

由于初始地应力的存在,为实现洞边的零应力状态,则必须沿洞口边缘施加一个与初始地应力相反的荷载,则洞口应力边界条件:

$$\left.\begin{array}{l} \sigma_r \big|_{r=a} = \Delta\sigma_r \\[2mm] \tau_r\theta \big|_{r=a} = \Delta\tau_{r\theta} \end{array}\right\} \tag{3.10}$$

$$\left.\begin{array}{l} \Delta\sigma_r = -\dfrac{1}{2}(\sigma_z + \sigma_x) + \dfrac{1}{2}(\sigma_z - \sigma_x)\cos 2\theta \big|_{r=a} \\[3mm] \Delta\tau_{\sigma r} = -\dfrac{1}{2}(\sigma_z - \sigma_x)\sin 2\theta \big|_{r=a} \end{array}\right\} \tag{3.11}$$

式中　a——孔口半径。

另外,由于隧道开挖影响范围相对有限,对远方的应力影响很小:

$$\left.\begin{array}{l} \sigma_r \mid_{r \to \infty} = 0 \\ \sigma_\theta \mid_{r \to \infty} = 0 \\ \tau_{r\theta} \mid_{r \to \infty} = 0 \end{array}\right\} \quad (3.12)$$

由上述已知条件可得:

$$B = C = C' = D = 0$$

$$\left.\begin{array}{l} \dfrac{A}{a^2} - 2\left(3\dfrac{G}{a^4} + 2\dfrac{F}{a^2}\right)\cos 2\theta = -\dfrac{1}{2}(\sigma_z + \sigma_x) + \dfrac{1}{2}(\sigma_z + \sigma_x)\cos 2\theta \\ -2\left(\dfrac{3G}{a^4} + \dfrac{F}{a^2}\right)\sin 2\theta = -\dfrac{1}{2}(\sigma_z - \sigma_x)\sin 2\theta \end{array}\right\} \quad (3.13)$$

联立上式求解,可以得到常数:

$$\left.\begin{array}{l} A = -\dfrac{a^2}{2}(\sigma_z + \sigma_x) \\ F = -\dfrac{a^2}{2}(\sigma_z - \sigma_x) \\ G = \dfrac{a^4}{4}(\sigma_z - \sigma_x) \end{array}\right\} \quad (3.14)$$

将式(3.14)带入式(3.9)中,得到隧道开挖后应力为:

$$\left.\begin{array}{l} \sigma_r(r,\theta) = -\dfrac{1}{2}(\sigma_z + \sigma_x)\left(\dfrac{a}{r}\right)^2 - \dfrac{1}{2}(\sigma_z - \sigma_x)\left(\dfrac{3a^4}{r^4} - \dfrac{4a^2}{r^2}\right)\cos 2\theta \\ \sigma_\theta(r,\theta) = \dfrac{1}{2}(\sigma_z + \sigma_x)\left(\dfrac{a}{r}\right)^2 + \dfrac{1}{2}(\sigma_z - \sigma_x)\dfrac{3a^4}{r^4}\cos 2\theta \\ \tau_{r\theta}(r,\theta) = -\dfrac{1}{2}(\sigma_z - \sigma_x)\left(\dfrac{3a^4}{r^4} - \dfrac{2a^2}{r^2}\right)\sin 2\theta \end{array}\right\} \quad (3.15)$$

在极坐标系围岩的初始地应力为:

$$\left.\begin{array}{l} \sigma_r = \dfrac{1}{2}(\sigma_z + \sigma_x) - \dfrac{1}{2}(\sigma_z - \sigma_x)\cos\theta \\ \sigma_\theta = \dfrac{1}{2}(\sigma_z + \sigma_x) + \dfrac{1}{2}(\sigma_z - \sigma_x)\sin\theta \\ \tau_{r\theta} = \tau_{\theta r} = \dfrac{1}{2}(\sigma_z - \sigma_x)\sin\theta \end{array}\right\} \quad (3.16)$$

将初始场和开挖过程的应力重分布相加,即可得到围岩的应力场:

$$\left.\begin{array}{l} \sigma_r(r,\theta) = \dfrac{1}{2}(\sigma_z + \sigma_x)\left(1 - \dfrac{a^2}{r^2}\right) - \dfrac{1}{2}(\sigma_z - \sigma_x)\left(1 + \dfrac{3a^4}{r^4} - \dfrac{4a^2}{r^2}\right)\cos 2\theta \\ \sigma_\theta(r,\theta) = \dfrac{1}{2}(\sigma_z + \sigma_x)\left(1 + \dfrac{a^2}{r^2}\right) + \dfrac{1}{2}(\sigma_z - \sigma_x)\left(1 + \dfrac{3a^4}{r^4}\right)\cos 2\theta \\ \tau_{r\theta}(r,\theta) = -\dfrac{1}{2}(\sigma_z - \sigma_x)\left(1 + \dfrac{2a^4}{r^2} - \dfrac{3a^4}{r^4}\right)\sin 2\theta \end{array}\right\}$$

$$(3.17)$$

令 $\lambda = \sigma_x/\sigma_z$ (λ 为静止侧压力系数),当 $\lambda = 1$ 时,即垂直应力和 σ_z 水平应力 σ_x 相等,问题变为轴对称,则式(3.17)可简化为:

$$\left.\begin{array}{rl} \sigma_r(r,\theta) &= \sigma_z\left(1 - \dfrac{a^2}{r^2}\right) \\[3mm] \sigma_\theta(r,\theta) &= \sigma_z\left(1 + \dfrac{a^2}{r^2}\right) \\[3mm] \tau_{r\theta}(r,\theta) &= 0 \end{array}\right\} \tag{3.18}$$

2)围岩位移计算

圆形隧道在极坐标系的几何、物理方程为

①几何方程:

$$\left.\begin{array}{rl} \varepsilon_r &= \dfrac{\partial u_r}{\partial r} \\[3mm] \varepsilon_\theta &= \dfrac{u_r}{r} + \dfrac{1}{r}\dfrac{\partial u_\theta}{\partial \theta} \\[3mm] \gamma_{r\theta} &= \dfrac{1}{r}\dfrac{\partial u_r}{\partial \theta} - \dfrac{u_\theta}{r} \end{array}\right\} \tag{3.19}$$

②物理方程:

$$\left.\begin{array}{rl} \varepsilon_r &= \dfrac{1-\mu^2}{E}\left(\sigma_r - \dfrac{\mu}{1-\mu}\sigma_\theta\right) \\[3mm] \varepsilon_\theta &= \dfrac{1-\mu^2}{E}\left(\sigma_\theta - \dfrac{\mu}{1-\mu}\sigma_r\right) \\[3mm] \gamma_{r\theta} &= \dfrac{2(1+\mu)}{E}\tau_{r\theta} \end{array}\right\} \tag{3.20}$$

将式(3.15)代入式(3.20),再代入式(3.19)后运算,得出:

$$E\frac{\partial u_r}{\partial r} = (1-\mu^2)\left[-\frac{1}{2}(\sigma_z+\sigma_x)\left(\frac{a}{r}\right)^2 - \frac{1}{2}(\sigma_z-\sigma_x)\left(\frac{3a^4}{r^4} - \frac{4a^2}{r^2}\right)\cos 2\theta\right]$$
$$-\mu(1+\mu)\left[\frac{1}{2}(\sigma_z+\sigma_x)\left(\frac{a}{r}\right)^2 + \frac{1}{2}(\sigma_z-\sigma_x)\frac{3a^4}{r^4}\cos 2\theta\right] \tag{3.21}$$

对式(3.21)进行积分,得:

$$Eu_r = \frac{(1-\mu^2)}{2}\left[(\sigma_z+\sigma_x)\frac{a^2}{r} + (\sigma_z-\sigma_x)\left(\frac{a^4}{r^3} - \frac{4a^2}{r}\right)\cos 2\theta\right]$$
$$-\frac{(1+\mu)\mu}{2}\left[-(\sigma_z+\sigma_x)\frac{a^2}{r} - (\sigma_z-\sigma_x)\frac{a^4}{r^3}\cos 2\theta\right] + g_3(\theta) \tag{3.22}$$

同理可得:

$$E\varepsilon_\theta = (1-\mu^2)\sigma_\theta - \mu(1+\mu)\sigma_r = \frac{Eu_r}{r} + \frac{E}{r}\frac{\partial u_\theta}{\partial \theta} \tag{3.23}$$

联立上式,积分后可得到:

$$Eu_\theta = \frac{1+\mu}{2}\left\{(\sigma_z - \sigma_x)\left[(1-2\mu)\frac{a^2}{r} + \frac{a^4}{r^3}\right]\sin 2\theta\right\} + \int g_3(\theta)\mathrm{d}\theta + g_4(r)$$

$$(3.24)$$

式中　$g_3(\theta)$,$g_4(r)$——关于 θ 和 r 的任意函数。

根据对称条件 $u_\theta\mid_{\theta=\frac{\pi}{2}}$、$u_\theta\mid_{\theta=0} = 0$,可得:

$$g_3(\theta) = 0, g_4(r) = 0$$

这样,得到隧道初始开挖围岩位移为:

$$u_r = \frac{(1+\mu)}{2E}\left\{(\sigma_z + \sigma_x)\frac{a^2}{r} - (\sigma_z - \sigma_x)\left[(1-\mu)\frac{4a^2}{r} - \frac{a^4}{r^3}\right]\cos 2\theta\right\}$$
$$u_\theta = \frac{(1+\mu)}{2E}(\sigma_z - \sigma_x)\left[(1-2\mu)\frac{2a^2}{r} + \frac{a^4}{r^3}\right]\sin 2\theta$$

$$(3.25)$$

孔洞周边处的位移为:

$$u_r = \frac{(1+\mu)a}{2E}\left[(\sigma_z + \sigma_x) - (3-4\mu)(\sigma_z - \sigma_x)\cos 2\theta\right]$$
$$u_\theta = \frac{(1+\mu)a}{2E}(3-4\mu)(\sigma_z - \sigma_x)\sin 2\theta$$

$$(3.26)$$

设圆形隧道开挖后,支护与裸岩任一接触点的受力状态为:

$$\sigma_{ra} = S_o + S_n\cos 2\theta$$
$$\tau_{r\theta} = 0$$

$$(3.27)$$

或者为:

$$\sigma_{ra} = S_o + S_n\cos 2\theta$$
$$\tau_{r\theta} = S_t\sin 2\theta$$

$$(3.28)$$

式中　S_o——平均应力,常数;

S_n——应力的最大值常数;

S_t——切向应力的最大值。

此时,隧道岩体边界条件为:

$$\sigma_r\mid_{r=a} = \sigma_{ra}$$
$$\tau_{r\theta}\mid_{r=a} = \tau_{r\theta a}$$

$$(3.29)$$

得到隧道围岩附加应力场为:

$$\sigma_r = S_o\left(\frac{a}{r}\right)^2 - S_n\left[\left(\frac{a}{r}\right)^4 - 2\left(\frac{a}{r}\right)^2\right]\cos 2\theta$$

$$\sigma_\theta = -S_o\left(\frac{a}{r}\right)^2 + S_n\left(\frac{a}{r}\right)^4\cos 2\theta$$

$$\tau_{r\theta} = -S_n\left[\left(\frac{a}{r}\right)^4 - \left(\frac{a}{r}\right)^2\right]\sin 2\theta$$

$$(3.30)$$

位移表达式为：

$$
\left.\begin{aligned}
u_r &= \frac{(1+\mu)a}{E}\left\{-S_o\left(\frac{a}{r}\right) + \frac{1}{3}S_n\left[\left(\frac{a}{r}\right)^3 - 6(1-\mu)\left(\frac{a}{r}\right)\right]\cos 2\theta\right\} \\
u_\theta &= \frac{(1+\mu)a}{E}S_n\left[\frac{1}{3}\left(\frac{a}{r}\right)^3 + (1-2\mu)\left(\frac{a}{r}\right)\right]\sin 2\theta
\end{aligned}\right\} \quad (3.31)
$$

可以得到圆形隧道开挖初支后的围岩应力分量和位移。

应力分量：

$$
\left.\begin{aligned}
\sigma_r(r,\theta) &= \frac{1}{2}(\sigma_z + \sigma_x)\left(1 - \frac{a^2}{r^2}\right) + S_o\left(\frac{a}{r}\right)^2 - \left[\frac{1}{2}(\sigma_z - \sigma_x)\left(1 + 3\frac{a^4}{r^4} - 4\frac{a^2}{r^2}\right) - S_n\left(\frac{a^4}{r^4} - 2\frac{a^2}{r^2}\right)\right]\cos 2\theta \\
\sigma_\theta(r,\theta) &= \frac{1}{2}(\sigma_z + \sigma_x)\left(1 - \frac{a^2}{r^2}\right) + S_o\left(\frac{a}{r}\right)^2 + \left[\frac{1}{2}(\sigma_z - \sigma_x)\left(1 + 3\frac{a^4}{r^4}\right) - S_n\left(\frac{a}{r}\right)^4\right]\cos 2\theta \\
\tau_{r\theta}(r,\theta) &= \left[\frac{1}{2}(\sigma_z - \sigma_x)\left(1 + 2\frac{a^2}{r^2} - 3\frac{a^4}{r^4}\right) - S_n\left(\frac{a^4}{r^4} - \frac{a^2}{r^2}\right)\right]\sin 2\theta
\end{aligned}\right\}
$$

$$(3.32)$$

位移：

$$
\left.\begin{aligned}
u_r(r,\theta) &= \frac{(1+\mu)a}{E}\left\{\left[\frac{1}{2}(\sigma_z + \sigma_x) - S_o\right]\frac{a}{r} - \left\{\frac{1}{2}(\sigma_z - \sigma_x)\left[(1-\mu)\frac{4a}{r} - \frac{a^3}{r^3}\right] + \right.\right. \\
&\quad \left.\left. \frac{1}{3}S_n\left[\frac{a^3}{r^3} - 6(1-\mu)\frac{a}{r}\right]\right\}\cos 2\theta\right\} \\
u_\theta(r,\theta) &= \frac{(1+\mu)a}{E}\left\{\frac{1}{2}(\sigma_z - \sigma_x)\left[(1-\mu)\frac{2a}{r} - \frac{a^3}{r^3}\right] + S_n\left[\frac{a^3}{3r^3} + (1-2\mu)\frac{a}{r}\right]\right\}\sin 2\theta
\end{aligned}\right\}
$$

$$(3.33)$$

通过分析可得，支护产生的应力使周边围岩的径向应力 σ_r 增大，使切向应力 σ_t 减小，实质是使隧道周边的围岩增加到三向受力，从而提高围岩承载力，增强自稳水平。因为小净距隧道的应力状态不单纯为水平垂直分布，而且隧道断面并不是标准的圆形，因此弹性分析仅可局限于定性的分析而不适用于综合考虑初支等因素下的情况。

3.2.4 大跨偏压小净距隧道围岩稳定性判别准则

图 3.3、图 3.4 分别表示围岩-支护共同工作的力学模型与关系。其中，p_i 表示支护阻力，$[u]$ 为保证围岩不至于失稳的允许周边位移，围岩与支护共同工作的关系可表示为：$[u] = F(p_i) = f(p_i)$。$u = F(p_i)$ 为围岩位移特征曲线，$u = f(p_i)$ 为支护特征曲线。

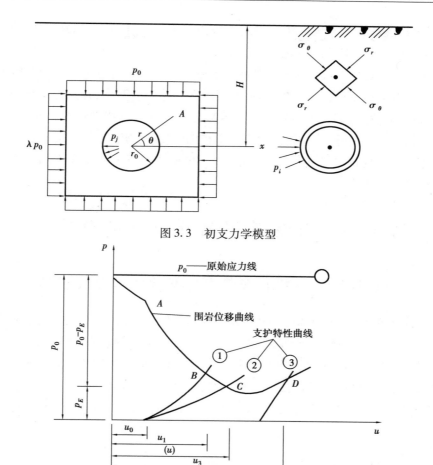

图 3.3　初支力学模型

图 3.4　初支 $p\text{-}u$ 曲线

图 3.4 中,围岩位移曲线表示洞室围岩周边位移 u 与侧壁径向压力 p 的关系。隧道周边围岩内压力 p_0 为初始压力,此时围岩周边位移 $u=0$。支护特性曲线①、②、③表示支护后洞室位移与支护结构应力的关系曲线。点 A 表示围岩弹性形变与塑性形变的结合点,点 B,C,D 为围岩位移曲线与曲线①、②、③的交叉点。

隧道初期支护不可能完全抵御隧道开挖带来的洞室变形及相应荷载,隧道推进至新的掌子面时,围岩必然会产生位移,故 p_0 值降低。围岩经历弹性应变、塑性屈服(B 点开始),最终丧失承载能力。此时就是围岩支护的临界状态,如果支护没有及时承担相应的荷载,则会发生塌方等安全事故。所以,只要在围岩应力达到最小值之前及时支护,就可以控制围岩的变形范围,使其稳定性得到保障。当然,并不是越早支护就越有效。从图 3.3 也不难发现,支护时间过早虽然可以控制围岩变形,但是会使得初支体系承担过大压力,从而导致支护破坏。综上所述,选择围岩变形较为适中时进行支护,较为合理。

综上所述可得出以下结论:隧道围岩稳定性可以通过隧道周边及地表位移进行

判别,可根据隧道施工实测位移 u 与隧道极限位移 u_0 之间建立判别准则,即 $u < u_0$ 时,隧道稳定;$u > u_0$ 时,隧道不稳定。然而,对于大跨偏压小净距隧道,其特殊性还是主要体现在隧道进洞时浅埋偏压段的施工及隧道的小净距特点上。小净距隧道与分离式隧道的极大区别就是在施工过程中,双洞在开挖先后顺序、开挖先后行洞之间的距离等方面的互相影响及中夹岩的稳定性强弱和对围岩的扰动情况。特别地,在受到偏压的情况下,小净距这一特点使得隧道在偏压浅埋作用下受到偏压荷载的作用,其施工力学行为变得更加复杂且不确定,故对偏压作用下大跨小净距隧道施工控制技术的研究意义重大。

3.3 偏压小净距隧道围岩压力分析理论

3.3.1 偏压小净距隧道围岩压力计算模式的基本假定

对于浅埋隧道,根据山体变形及坑道开挖后岩体运动规律,假定左右洞顶覆土柱下沉,带动两侧土体变形下沉,出现破裂面,当土柱下沉时,两侧土体对它施加有摩擦阻力。另外,由于岩柱净距的影响,假定岩柱中形成的破裂面如图 3.5 所示。隧道外侧分别与水平面成 β_1'、β_2 的破裂面,中间分别与水平面成 β_1、β_2' 的破裂面。为方便计算,在分析过程中假定土体或岩体是单一、均质的,左右两隧道结构对称且同时施工。

3.3.2 围岩压力计算

为分析安全性,在计算过程中假定共同破裂面的法向相互作用力 $E = 0$,如图 3.5 所示。

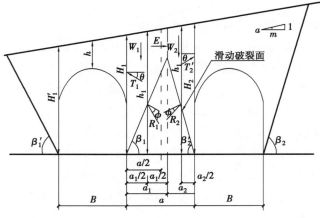

图 3.5　滑裂破坏模式示意图

左洞左侧及右洞右侧的侧压力系数建议按《公路隧道设计规范》(JTG D70/2—2014)规定推荐的统计法确定,因而左洞左侧的侧压力系数 λ_1' 为:

$$\lambda_1' = \frac{1}{\tan \beta_1' + \tan \alpha} \times \frac{\tan \beta_1' - \tan \varphi_c}{1 + \tan \beta_1'(\tan \varphi_c - \tan \theta) + \tan \varphi_c \tan \theta} \qquad (3.34)$$

右洞右侧的侧压力系数 λ_2 为:

$$\lambda_2 = \frac{1}{\tan \beta_2 - \tan \alpha} \times \frac{\tan \beta_3 - \tan \varphi_c}{1 + \tan \beta_2(\tan \varphi_c - \tan \theta) + \tan \varphi_c \tan \theta} \qquad (3.35)$$

左洞左侧产生最大推力时破裂角 β_1' 为:

$$\tan \beta_1' = \tan \varphi_c + \sqrt{\frac{(\tan^2 \varphi_c + 1)(\tan \varphi_c + \tan \alpha)}{\tan \varphi_c - \tan \theta}} \qquad (3.36)$$

右洞右侧产生最大推力时的破裂角 β_2 为:

$$\tan \beta_2 = \tan \varphi_c + \sqrt{\frac{(\tan^2 \varphi_c + 1)(\tan \varphi_c - \tan \alpha)}{\tan \varphi_c - \tan \theta}} \qquad (3.37)$$

式中　θ——拱顶土柱两侧摩擦角;

α——倾斜地面坡角;

φ_c——围岩计算摩擦角。

对于左洞右侧及右洞左侧抗滑力及侧压系数计算,由于存在偏压影响,破裂面的交点偏离净距中轴,可由几何关系定出其偏移关系,破裂面的交点至左洞侧壁的距离 a_1 为:

$$a_1 = \frac{a \tan \beta_2'}{\tan \beta_1 + \tan \beta_2'} \qquad (3.38)$$

滑动梯形体在 W_i、R_i、$T_i(i=1,2)$ 3 个力作用下处于平衡状态,形成封闭的力三角形,由正弦定理知左洞右侧抗滑阻力为:

$$T_1 = \frac{\sin(\beta_1 - \varphi)}{\sin[90° - (\beta_1 - \varphi + \theta)]} W_1 \qquad (3.39)$$

右洞左侧的抗滑阻力为:

$$T_2' = \frac{\sin(\beta_2' - \varphi)}{\sin[90° - (\beta_2' - \varphi + \theta)]} W_2 \qquad (3.40)$$

$$W_1 = \frac{\gamma}{2} a_1(2h_1 - a_1\tan \beta_1) \qquad (3.41)$$

$$W_2 = \frac{\gamma}{2} a_2(2h_2 - a_2\tan \beta_2') \qquad (3.42)$$

式中　β_1——左洞右侧破裂面与水平面的夹角;

β_2'——右侧左侧破裂面与水平面的夹角;

φ——计算摩擦角;

θ——顶板土柱两侧摩擦角;

a_2——破裂面的交点至右洞左侧侧壁的距离;

h_1,h_2——$a_1/2,a_2/2$ 处洞底水平线至地面的距离。

T_1,T_2' 的值随 β_1,β_2' 的变化而变化,其最大值可通过对其求导确定。本文对其求导后采用迭代法计算其滑动破裂角,假定 a_1 确定初始值,再迭代。a_1 值取 $(0.5 - 0.6)a$ 时,一般迭代两次可达到工程要求。破裂角的迭代公式为:

$$\tan \beta_1 = -\cot(\varphi_c - \theta) + \sqrt{\cot^2(\varphi_c - \theta) + \tan \varphi_c \cot(\varphi_c - \theta) + \frac{2h_1 \cos \theta}{a_1 \cos \varphi_c \sin(\varphi_c - \theta)}}$$

$$(3.43)$$

$$\tan \beta_2' = -\cot(\varphi_c - \theta) + \sqrt{\cot^2(\varphi_c - \theta) + \tan \varphi_c \cot(\varphi_c - \theta) + \frac{2h_1 \cos \theta}{a_2 \cos \varphi_c \sin(\varphi_c - \theta)}}$$

$$(3.44)$$

侧压力系数:

$$\lambda_1 = \frac{a_1(2h_1 - a_1 \tan \beta_1)}{H_1^2} \times \frac{\tan \beta_1 - \tan \varphi_c}{1 + \tan \beta_1(\tan \varphi_c - \tan \theta) + \tan \theta \tan \varphi_c} \quad (3.45)$$

$$\lambda_2' = \frac{a_2(2h_2 - a_2 \tan \beta_2')}{H_2^2} \times \frac{\tan \beta_2' - \tan \varphi_c}{1 + \tan \beta_2'(\tan \varphi_c - \tan \theta) + \tan \theta \tan \varphi_c} \quad (3.46)$$

式中 β_1——左洞右侧破裂面与水平面的夹角;

β_2'——右洞左侧破裂面与水平面的夹角;

λ_1——左洞右侧的侧压力系数;

λ_2'——右洞左侧的侧压力系数;

φ_c——围岩计算摩擦角;

a_2——破裂面的交点至右洞左侧侧壁的距离;

H_1——左洞右侧洞底水平面至地面的距离;

H_2——右洞左侧洞底水平面至地面的距离。

对于围岩总压力计算,建议按《公路隧道设计规范》(JTG D70/2—2014)推荐的统计法确定。假定偏压分布图形与地面坡度一致,则作用的垂直总压力为:

$$Q = \frac{\gamma}{2}\left[(h' + h'') \times B - (\lambda_i h'^2 + \lambda_i' h''^2)\tan \theta\right] \quad (3.47)$$

式中 B——隧道跨度;

h',h''——相应洞拱顶水平至地面的高度;

γ——围岩重度。

3.3.3 隧道间的净距对围岩压力的影响

图 3.6 ~ 图 3.9 所示为左洞跨中覆土厚度 h 分别为 10 m、15 m 时,偏压小净距隧

道与单孔隧道围岩压力与净间距的关系曲线图。其中,隧道宽为 10 m,高为 7 m,$C =$ 45°,$\varphi_c = 30°$,围岩重度为 20 kN/m³。

从图中可以看出,在相同覆土厚度的情况下,随着净间距的增大,垂直压力减小,隧道间距对围岩压力的影响受覆土厚度、围岩类别等因素的影响,一般在隧道间距超过 15m 后,间距对围压的影响很小,趋于单洞情况;随着覆土厚度的增大,间距对围岩压力的影响越明显。同时也可以看出,在相同条件下,左洞右侧和右洞左侧的围岩压力相差较大,说明在倾斜地面下开挖小净距隧道产生的偏压很大,应特别注意。

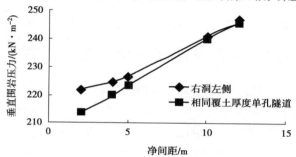

图 3.6　$h = 10$ m,右洞左侧垂直围岩压力与净间距的关系曲线

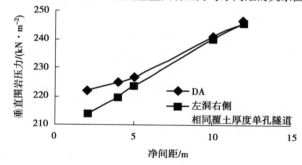

图 3.7　$h = 10$ m,左洞右侧垂直围岩压力与净间距的关系曲线

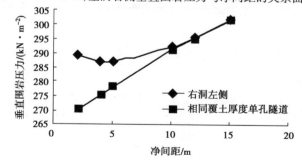

图 3.8　$h = 15$ m,右洞左侧垂直围岩压力与净间距的关系曲线

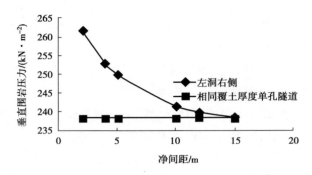

图 3.9 $h = 15$ m,左洞右侧垂直围岩压力与净间距的关系曲线

3.3.4 地面倾斜角度及净间距对隧道内侧压力系数的影响

地面倾斜角度及净间距直接影响右洞跨中的覆土厚度,从而影响偏压小净距隧道的围岩压力。表 3.5 所示隧道跨度为 10 m,高为 7 m,左洞跨中覆土厚度为 10 m,$\varphi_c = 45°$,$\theta = 30°$时,不同坡度、不同净距的隧道右洞内侧侧压力系数。

从表中可以看出,在左洞跨中相同覆土时,随着净距的增大,侧压力系数逐渐增大,并趋于单洞的情况;在相同净间距的情况下,随地面倾斜角度的增加,侧压力系数逐渐减小,也即间距的影响越明显。

表 3.5 右洞内侧侧压力系数

净间距/m	地面倾斜角度/(°)					
	0	10	20	25	30	40
2	0.129	0.122	0.116	0.113	0.11	0.103
4	0.202	0.19	0.179	0.173	0.168	0.156
8	0.229	0.216	0.204	0.198	0.192	0.179
10	0.235	0.223	0.21	0.204	0.198	0.184

第 4 章
凝灰质粉砂岩非线性黏弹塑性本构模型研究

4.1 岩石流变基本模型理论

4.1.1 流变模型的基本元件

组合模型中,基本元件包括虎克弹性体、牛顿粘滞体、圣维南塑性体3种。将这3种基本元件进行适当串并联,可以组成一些经典的本构模型或更为复杂的本构模型。

1)胡克弹性体(又称 Hooke 固体)

Hooke 元件简称 H 体,用符号[H]表示,它模拟物体的弹性,在模型中用一弹簧表示,如图4.1 所示。其应力应变间的关系完全符合胡克定律,即:

$$\sigma = E\varepsilon \tag{4.1}$$

该模型中的应力和应变成线性关系,这种基本元件的特点是施加荷载后,会立即产生可恢复的变形;若应力不变,变形不随时间变化并保持常数,由式(4.1)可得:

$$d\sigma/dt = E d\varepsilon/dt \tag{4.2}$$

由式(4.2)可以看出,应力速率和应变速率成正比。

2)牛顿粘滞体(又称 Newton 流体)

粘滞元件又称 N 体,用符号[N]表示,它模拟物体的粘滞性。粘性是物体在流动过程中表现出来的一种摩擦阻抗,即粘滞阻抗。当物体处于静止状态时,这种阻抗就消失了,物体的粘性也就不显示作用了。故粘性对物体受力后变形的影响,表现为改变流变的速度,即它只能使物体流动变形的速度逐渐缓慢下来,不能阻止受力物体产

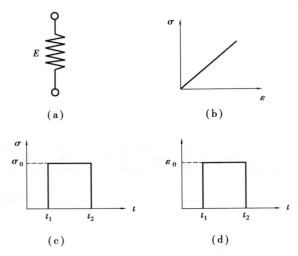

（a）　　　　　　　　　　（b）

（c）　　　　　　　　　　（d）

图 4.1　Hooke 体力学模型和性状

生流动变形。理想粘性介质（牛顿体）的外力与应变速率成线性关系

$$\sigma = \eta \dot{\varepsilon} \tag{4.3}$$

式中　η——黏滞系数；

　　　$\dot{\varepsilon}$——应变速率。

如果应力 σ 一定（$\sigma = \sigma_0$），由上式可以得出

$$\varepsilon = \sigma_0 t / \eta + C \tag{4.4}$$

式中　C——积分常数，由初始条件决定。

表征理想粘性物理的力学模型是粘壶，如图 4.2（a）所示。其形状如图 4.2（b）、（c）、（d）所示。可以看出，加上应力 σ_0 不立即产生应变；使应力从时间 t_1 到 t_2 保持定值 σ_0，应变会随时间的增大而增大；以后即便撤销应力，也会留下永久应变，且不会恢复。

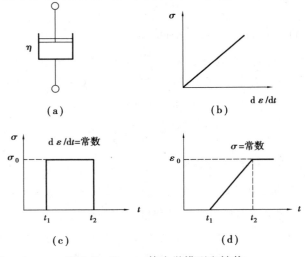

（a）　　　　　　　　　　（b）

（c）　　　　　　　　　　（d）

图 4.2　Newton 体力学模型和性状

3）圣维南塑性体（又称 St. Venant 塑性体）

塑性元件简称 St. V 体，用符号［V］表示，它模拟土体的塑性。物体受力达到或超过屈服值时，将产生不可恢复的永久变形，即塑性变形。理想塑性体在应力小于屈服值时，可以看作不会产生变形的刚体；当应力达到屈服值后，应力不变而变形逐渐增加。

理想塑性体的力学模型也被称为摩阻件，由两接触面粗糙的滑块组成，如图 4.3（a）所示。它具有一个起始摩擦阻力，此摩擦阻力表示屈服值 S。当所加荷载小于 S 时，滑块不动，即没有产生变形；当荷载大于或等于 S 时，产生持续变形，其变形曲线如图 4.3（b）所示。

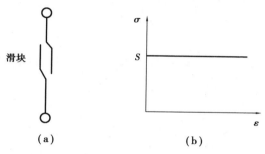

图 4.3　St. Venant 体力学模型和性状

4.1.2　常见的黏弹塑性本构模型

表 4.1 和表 4.2 中分别列举了常见的黏弹性模型和黏弹塑性模型的本构方程。表中 ε，$\dot{\varepsilon}$，$\ddot{\varepsilon}$ 分别表示应变、应变对时间的一阶导数、应变对时间的二阶导数，σ，$\dot{\sigma}$，$\ddot{\sigma}$ 分别表示应力、应力对时间的一阶导数、应变对时间的二阶导数，E_0 为材料弹性模量，E_1 为黏弹性模量，η_1、η_2 表示不同元件的黏性系数，σ_s 为屈服应力。对于鲍埃丁-汤姆逊模型，$E_0 = E_1 + E_2$。

表 4.1　常见黏弹性模型及其本构关系

名称	模型	本构方程
麦克斯韦模型（Maxwell）	$\sigma \quad E_0,\varepsilon_1 \quad \eta_2,\varepsilon_2 \quad \sigma$	$\sigma + \dfrac{\eta_2}{E_0}\dot{\sigma} = \eta_2\dot{\varepsilon}$
开尔文模型（Kelvin）	σ_1,E_1　$\sigma \quad \sigma$　σ_2,η_1	$\sigma = E_1 + \eta_1\dot{\varepsilon}$

续表

名称	模型	本构方程
标准线性体（H-K）		$\sigma + \dfrac{\eta_1}{E_0 + E_1}\dot{\sigma} = \dfrac{E_0 E_1}{E_0 + E_1}\varepsilon + \dfrac{E_0 \eta_1}{E_0 + E_1}\dot{\varepsilon}$
鲍埃丁-汤姆逊模型（H|M）		$\sigma + \dfrac{\eta_1}{E_0}\dot{\sigma} = E_2\varepsilon + \left(\eta_1 + \dfrac{E_2\eta_1}{E_1}\right)\dot{\varepsilon}$
博格斯模型（M-K）		$\sigma + \left(\dfrac{\eta_2}{E_0} + \dfrac{\eta_1 + \eta_2}{E_0}\right)\dot{\sigma} + \dfrac{\eta_1\eta_2}{E_0 E_1}\ddot{\sigma} =$ $\eta_2\dot{\varepsilon} + \dfrac{\eta_1\eta_2}{E_1}\ddot{\varepsilon}$

表 4.2　常见黏弹塑性模型及其本构关系

名称	模型	本构方程
黏塑性模型		$\sigma < \sigma_s$ 时，$\varepsilon = 0$ $\sigma \geqslant \sigma_s$ 时，$\dot{\varepsilon} = (\sigma - \sigma_s)/\eta_2$
宾汉姆模型（Bingham）		$\sigma < \sigma_s$ 时，$\varepsilon = \dfrac{\sigma}{E_0}$　$\dot{\varepsilon} = \dfrac{\dot{\sigma}}{E_0}$ $\sigma \geqslant \sigma_s$ 时，$\dot{\varepsilon} = \dfrac{\dot{\sigma}}{E_0} + \dfrac{\sigma - \sigma_s}{\eta_2}$
西原模型		$\sigma < \sigma_s$ 时，$\sigma + \dfrac{\eta_1}{E_0 + E_1}\dot{\sigma} =$ $\dfrac{E_0 E_1}{E_0 + E_1}\varepsilon + \dfrac{\eta_1 E_1}{E_0 + E_1}\dot{\varepsilon}$ $\sigma \geqslant \sigma_s$ 时，$(\sigma - \sigma_s) + \left(\dfrac{\eta_2}{E_0} + \dfrac{\eta_2 + \eta_1}{E_1}\right)\dot{\sigma}$ $+ \dfrac{\eta_2\eta_1}{E_0 E_1}\ddot{\sigma} = \eta_2\dot{\varepsilon} + \dfrac{\eta_2\eta_1}{E_1}\ddot{\varepsilon}$

4.1.3　组合流变模型的推导办法

组合模型可以根据上述流变基本元件按一定规律组合而成,不同的组合可适用于不同变化特性的土体。这些基本元件可以进行"并联"及"串联"。并联时用"‖"表示,串联时用"—"表示。并联时,每个单元体模型所担负的荷载之和等于总荷载,而它们的应变相等。串联时,各元件承受的荷载相同,都等于总荷载,而它们的总应变及总应变速率则为各元件之和。要推导流变模型的本构方程可采用以下方法:

假设两个模型 $M1$、$M2$ 的本构关系分别为

$$\sigma_1 = f_1(D)\varepsilon_1, \ \sigma_2 = f_2(D)\varepsilon_2 \tag{4.5}$$

式中,D 为某种微分算子,f_1、f_2 为微分算子的函数。如粘壶的本构关系中 $\sigma = \eta\dot{\varepsilon}$ 可表达为

$$f(D) = \eta D, D = \mathrm{d}/\mathrm{d}t \tag{4.6a}$$

也可以写成本构模型的算子形式的通用表达式:

$$P(D)\sigma = Q(D)\varepsilon \tag{4.6b}$$

式中,$P(D) = \sum\limits_{k=0}^{m} p_k \dfrac{\partial^k}{\partial t^k}, Q(D) = \sum\limits_{k=0}^{m} q_k \dfrac{\partial^k}{\partial t^k}, D = \dfrac{\partial}{\partial t}$ 为对时间的微分算子,则式 (4.6b) 可以写成

$$\sigma = \frac{Q(D)}{P(D)}\varepsilon \tag{4.6c}$$

表 4.3 给出了常见流变模型的相关微分算子函数。

表 4.3　常见流变模型微分算子函数

流变模型	算子函数 $P(D)$	算子函数 $P(D)$
M 模型	$1 + \dfrac{\eta_2}{E_0}D$	$\eta_2 D$
K 模型	1	$E_1 + \eta_1 D$
H-K 模型	$1 + \dfrac{\eta_1}{E_0 + E_1}D$	$\dfrac{E_1 E_0}{E_1 + E_0} + \dfrac{E_0 \eta_1}{E_0 + E_1}D$
H|M 模型	$1 + \dfrac{\eta_1}{E_1}D$	$E_2 + \dfrac{E_1 + E_2}{E_1}\eta_1 D$
M-K 模型	$1 + \left(\dfrac{\eta_2}{E_0} + \dfrac{\eta_1 + \eta_2}{E_1}\right)D \dfrac{\eta_1 \eta_2}{E_0 E_1}D^2$	$\eta_2 D + \dfrac{\eta_1 \eta_2}{E_1}D^2$
黏塑性模型($\sigma_1 \geqslant \sigma_s$)	1	$\eta_2 D$
宾汉姆模型($\sigma_1 \geqslant \sigma_s$)	$1 + \dfrac{\eta_2}{E_0}D$	$\eta_2 D$
西原模型($\sigma_1 \geqslant \sigma_s$)	$1 + \left(\dfrac{\eta_2}{E_0} + \dfrac{\eta_2 + \eta_1}{E_1}\right)D + \dfrac{\eta_2 \eta_1}{E_0 E_1}D^2$	$\eta_2 D + \dfrac{\eta_2 \eta_1}{E_1}D^2$

根据元件组合情况的不同,式(4.5)中 $M1$ 和 $M2$ 模型演变所得的本构关系如下所示:

(1)并联 $M1 \parallel M2$

$$\sigma = \sigma_1 + \sigma_2, \varepsilon = \varepsilon_1 = \varepsilon_2$$

则

$$\sigma = [f_1(D) + f_2(D)]\varepsilon \tag{4.7}$$

(2)串联 $M1—M2$

$$\sigma = \sigma_1 = \sigma_2, \varepsilon = \varepsilon_1 + \varepsilon_2$$

$$\varepsilon = \left[\frac{1}{f_1(D)} + \frac{1}{f_2(D)}\right]\sigma = \left[\frac{f_1(D) + f_2(D)}{f_1(D)f_2(D)}\right]\sigma \tag{4.8}$$

则

$$\sigma = f_1(D) f_2(D) / [f_1(D) + f_2(D)]\varepsilon \tag{4.9}$$

当模型中出现[V]体,只要先按没有[V]体的模型进行运算,而运算以后用 $\sigma - \sigma_s$ 代替 σ 就能得到相应模型的本构方程。所以,上述推导本构方程的方法及式(4.6)、式(4.7)、式(4.8)适用于所有模型。

4.2 扩展 H-K 模型的建立

4.2.1 模型理论中不同非线性蠕变变形特性

为对之后建立符合本次岩石蠕变曲线的组合本构模型,需要对蠕变模型理论有更深一步的认识,熟练掌握不同元件模型的适用情况。

①瞬时弹性变形 ε_{ie}。对应于流变元件理论中的 Hooke 固体,变形瞬时产生并能完全恢复,与时间没有关系。

②粘性变形 ε_v。对应于一个粘壶和一个弹簧并联而成的 Kelvin 模型。这种变形与时间有关,在卸载的过程中随时间慢慢恢复,因此它对应的蠕变模型中必定要有一个粘壶和弹簧元件并联(不能有滑块)。它代表的蠕变过程就是衰减蠕变,若多个这样的模型串联在一块同样适用。

③瞬时塑性变形 ε_{ip}。对应于弹簧元件与滑块元件并联的模型,这种变形具有不可逆性,只与加载路径有联系,与时间无关。

④黏性流动变形 ε_{cf}。这种蠕变变形的应变速率为常数,对应于蠕变模型理论中的黏壶,在应力大于某一值才发生黏性流动的情形中,还需要一个滑块与粘壶并联来体现。

⑤黏塑变形 ε_{vp}。与时间有关,是在应力超过某一值时才发生的不可逆变形,对

应于蠕变模型理论中的一个黏弹型模型和一个滑块并联的模型。而这个黏弹性模型可以是个衰减蠕变的(如 Kelvin 模型),也可以是个等速蠕变的(如单一黏壶),甚至更复杂的组合模型。所以,为了在不同的模型组合中很好地体现不同土体的变形特性,就应根据如图 4.4 所示的组合模型来推导相应具有针对性的适用模型。

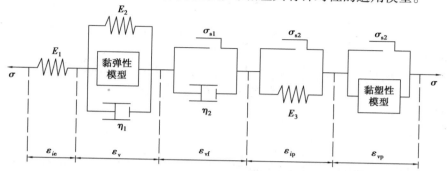

图 4.4　一般黏弹塑性模型

因此,在建立某种蠕变本构模型时,一定要弄清楚对应土体的流变特性。由于要体现流变特性不能做到面面俱到,为防止建立的模型显得繁杂,给蠕变本构特性研究增加困难,所以建立模型时必须抓住重点,舍去非本质性的东西,使最终建立的模型不仅参数少、结构简易、易于确定,而且又能很准确地体现对应土体的主要特性。

4.2.2　H-K 模型及特征

H-K 模型是由一个 Kelvin-Voige 模型和一个 Hooke 弹性体元件串联而成,如图 4.5 所示。

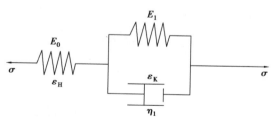

图 4.5　H-K 模型示意图

由组合流变模型的推导方法有:

$$\sigma = \sigma_{H} = \sigma_{K} = \sigma_{K}^{H} + \sigma_{K}^{N} \tag{4.10}$$

$$\varepsilon = \varepsilon_{H} + \varepsilon_{K} \quad \dot{\varepsilon} = \dot{\varepsilon}_{H} + \dot{\varepsilon}_{K}$$

式中,角标 K 表示 Kelvin 模型,H 为 Hooke 弹性体元件,N 为 Newton 粘滞体元件。

利用 Hooke 定律与牛顿黏性定律,则式(4.10)可改写为:

$$\sigma = E_{1}\varepsilon_{K} + \eta_{1}\dot{\varepsilon}_{K} = E_{1}\varepsilon_{K} + \eta_{1}(\dot{\varepsilon} - \dot{\varepsilon}_{K})$$

$$= E_1 \varepsilon_{\mathrm{K}} + \eta_1 \dot{\varepsilon}_{\mathrm{K}} - \frac{\eta_1}{E_0} \dot{\sigma}_{\mathrm{H}}$$

因

$$\varepsilon_{\mathrm{K}} = \varepsilon - \varepsilon_{\mathrm{H}} = \varepsilon - \frac{\sigma_{\mathrm{H}}}{E_0}$$

$$\sigma = \sigma_{\mathrm{H}} \quad \dot{\sigma} = \dot{\sigma}_{\mathrm{H}}$$

推得:

$$\varepsilon = \frac{E_1 + E_0}{E_1 E_0} \sigma - \frac{\eta_1}{E_1} \dot{\varepsilon} + \frac{\eta_1}{E_1 E_0} \dot{\sigma}$$

或

$$\sigma_1 + \frac{\eta_1}{E_1 + E_0} \dot{\sigma}_1 = \frac{E_1 E_2}{E_1 + E_0} \varepsilon_1 + \frac{\eta_1 E_0}{E_1 + E_0} \dot{\varepsilon}_1 \tag{4.11}$$

式(4.11)即为 H-K 模型的本构方程。式中,E_0,E_1,η_1 分别为该模型中 Hooke 弹性体和 Kelvin-Voige 体的弹性模量和黏滞系数。对于其蠕变特性有如下讨论:

①在 $t = 0$ 时,施加恒定荷载 $\sigma = \sigma_0 H(t)$,则 $\dot{\sigma} = 0$。由式(4.11)有:

$$\dot{\varepsilon} + \frac{E_1}{\eta_1} \varepsilon = \frac{E_1 + E_0}{E_0 \eta_1} \sigma_0$$

对上式进行积分,并引入边界条件 $t = 0$ 时,$\varepsilon = \varepsilon_0/E_0$,得蠕变方程为:

$$\varepsilon = -\frac{\sigma_0}{E_1} \exp\left(-\frac{E_1}{\eta_1} t\right) + \sigma_0 \frac{E_1 + E_0}{E_1 E_2} = \sigma_0 \left[\frac{E_1 + E_0}{E_1 E_0} - \frac{1}{E_1} \exp\left(-\frac{E_1}{\eta_1} t\right)\right] \tag{4.12}$$

②当 $t \to \infty$ 时,由(4.12)可知:

$$\varepsilon(\infty) = \frac{E_1 + E_0}{E_1 E_0} \sigma_0 = \frac{\sigma_0}{E_\infty}$$

其中

$$E_\infty = \frac{E_1 E_0}{(E_1 + E_0)} \tag{4.13}$$

也可将式(4.12)写为:

$$\varepsilon = \frac{\sigma_0}{E_0} + \frac{\sigma_0}{E_1} \left(1 - \exp\left(-\frac{E_1}{\eta_1} t\right)\right) \tag{4.14}$$

通过 H-K 本构模型及其蠕变方程式,所描述的蠕变变形在刚加恒定应力 σ_0 时,有与时间无关的瞬时变形 $\frac{\sigma_0}{E_0}$,经过一段时间的变形之后变形逐渐趋于稳定值 $\frac{\sigma_0}{E_\infty}$。当 $t \to \infty$ 时,$\dot{\varepsilon} \to 0$,ε_∞ 为稳定值,这种变形属于趋于稳定的蠕变,岩石不会产生蠕变破坏。

4.2.3 扩展 H-K 模型及特征

扩展标准线性体由一个 H-K 模型和一个 Kelvin-Voige 模型进行串联而得,如图 4.6 所示。

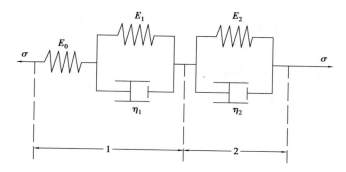

图 4.6　扩展标准线性体模型示意图

对扩展线性体本构模型的推导按照前面所述微分算子推导流变模型方法进行。对于 H-K 模型,可写成微分算子函数形式:

$$\left(1 + \frac{\eta_1}{E_0 + E_1}D\right)\sigma_1 = \left(\frac{E_0 E_1}{E_0 + E_1} + \frac{E_0 \eta_1}{E_0 + E_1}D\right)\varepsilon_1 \tag{4.15}$$

则有:

$$f_1(D) = \frac{E_0 E_1 + E_0 \eta_1 D}{E_0 + E_1 + \eta_1 D} \tag{4.16}$$

同理,对于 Kelvin-Voige 模型,可写成微分算子函数形式:

$$f_2(D) = E_2 + \eta_2 D \tag{4.17}$$

则:

$$f_1(D) + f_2(D) = \frac{E_0 E_1 + E_0 \eta_1 D + (E_2 + \eta_2 D)(E_0 + E_1 + \eta_1 D)}{E_0 + E_1 + \eta_1 D}$$

$$= \frac{E_0 E_1 + E_0 E_2 + E_1 E_2 + E_0 \eta_1 D + E_0 \eta_2 D + E_1 \eta_2 D + E_2 \eta_1 D + \eta_1 \eta_2 D^2}{E_0 + E_1 + \eta_1 D} \tag{4.18}$$

$$f_1(D) f_2(D) = \frac{(E_0 E_1 + E_0 \eta_1 D)(E_2 + \eta_2 D)}{E_0 + E_1 + \eta_1 D}$$

$$= \frac{E_0 E_1 E_2 + E_0 E_1 \eta_2 D + E_0 E_2 \eta_1 D + E_0 \eta_1 \eta_2 D^2}{E_0 + E_1 + \eta_1 D} \tag{4.19}$$

可推出扩展标准线性体的本构方程为:

$$p_1 \sigma + p_2 \dot{\sigma} + p_3 \ddot{\sigma} = q_1 + q_2 \dot{\varepsilon} + q_3 \ddot{\varepsilon} \tag{4.20}$$

其中,$p_1 = E_0 E_1 + E_0 E_2 + E_1 E_2$,$p_2 = E_0 \eta_1 + E_0 \eta_2 + E_1 \eta_2$,$p_3 = \eta_1 \eta_2$,$q_1 = E_0 E_1 E_2$,$q_2 = E_0 E_1 \eta_2 + E_0 E_2 \eta_1$,$q_3 = E_0 \eta_1 \eta_2$。

对式(4.20)等式两边按应变进行求解,得到扩展标准线性体的蠕变方程式为:

$$\varepsilon = \frac{\sigma}{E_0} + \frac{\sigma}{E_1}\left[1 - \exp\left(-\frac{E_1}{\eta_1}t\right)\right] + \frac{\sigma}{E_2}\left[1 - \exp\left(-\frac{E_2}{\eta_2}t\right)\right] \tag{4.21}$$

式中，$E_0,E_1,\eta_1,E_2,\eta_2$ 分别为 Hooke 弹性体、第一个 Kelvin 体和第二个 Kelvin 体的弹性模量和黏滞系数。

当 $t=0$ 时，由式（4.21）可知：$\varepsilon = \dfrac{\sigma}{E_0}$。

当 $t\to\infty$ 时，由式（4.21）知：

$$\varepsilon(\infty) = \frac{\sigma}{E_0} + \frac{\sigma}{E_1} + \frac{\sigma}{E_2} = \frac{E_1E_2 + E_0E_2 + E_0E_1}{E_0E_1E_2}\sigma = \frac{\sigma}{E_\infty}$$

其中，

$$E_\infty = \frac{E_0E_1E_2}{E_1E_2 + E_0E_2 + E_0E_1}$$

通过扩展 H-K 本构模型及其蠕变方程式可见，扩展 H-K 模型同样具有瞬时弹性变形和稳定蠕变的特性。所描述的蠕变变形在刚加恒定应力 σ_0 时，有与时间无关的瞬时变形 $\dfrac{\sigma_0}{E_0}$，经过一段时间的变形之后变形逐渐趋于稳定值 $\dfrac{\sigma_0}{E_\infty}$；当 $t\to\infty$ 时，$\dot{\varepsilon}\to 0$，ε_∞ 为稳定值，这种变形属于趋于稳定的蠕变，岩石不会产生蠕变破坏。

4.3　非线性黏弹塑性蠕变模型的建立及特性分析

4.3.1　非线性 Kelvin 模型及特性分析

Kelvin 体（或称为 Voigt 体）的模型是由弹性元件和黏性元件并联而成，简称 K 体，即 K = H ∣ N。如图 4.7 所示，对于多个元件并联的模型，在推导其本构方程时，应遵循下列法则：各元件上的应变彼此相等，且等于模型的总应变，模型上的总应力等于各元件的应力之和。

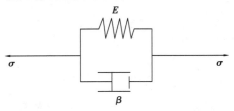

图 4.7　Kelvin 体模型

对于 H 体：$\sigma_H = E\varepsilon_N$

对于 N 体：$\sigma_N = \beta\,\dot{\varepsilon}_N$

对于 K 体：$\sigma = \sigma_H + \sigma_N,\varepsilon = \varepsilon_H = \varepsilon_N$
所以

$$\sigma = E\varepsilon_H + \beta\dot{\varepsilon}_N = E\varepsilon + \beta\dot{\varepsilon} \tag{4.22}$$

因此，K 体的微分状态方程为：

$$\sigma = E\varepsilon + \beta\dot{\varepsilon} \tag{4.23}$$

现在确定 K 体的蠕变方程。当 $\sigma = \sigma_0 = $ 常数时，由式（4.23）可得：

$$\sigma_e = E\varepsilon + \beta\dot{\varepsilon} \tag{4.24}$$

初始条件：$t = 0^+$ 时，$\sigma = \sigma_0,\varepsilon = 0$，解式（4.24）则有：

$$\varepsilon(t) = \frac{\sigma_0}{E}(1 - e^{Et/\beta}) \tag{4.25}$$

式(4.25)即为 K 体的蠕变方程,它表明在恒定应力作用下,应变随时间逐渐增加。当 $t\to\infty$ 时,$\varepsilon(t)$ 趋近于一稳定值 $\varepsilon_\infty = \sigma_0/E$,此时 $E_\infty = \sigma_0/\varepsilon_\infty$。$E_\infty$ 为渐近弹性模量,或为长期弹性模量,它表征流变材料对于长期作用的荷载的响应。另外,若 K 体中 $\beta = 0$,在 σ_0 作用下,则产生瞬时应变 σ_0。这说明由于粘壶的作用,使 K 体达到最大应变 σ_0/E 的时间推迟了,因而 K 体又称为推迟模型,而 $t_d = \beta/E$,又称为推迟时间或延迟时间。$t_d^{-1} = E/\beta$,称为渐息系数。若在 t_1 时间卸载,K 体的卸载方程也可按迭加法得出,即:

$$\varepsilon(t - t_1) = \varepsilon(t_1)e^{-E(t-t_1)/\beta} \tag{4.26}$$

这说明瞬时卸载时,K 体的变形不立即恢复,而是按照指数规律逐渐恢复到零,表现出明显的弹性滞后。

假设加在 K 体上的应力按下式变化:

$$\sigma = \begin{cases} \dfrac{\sigma_0}{t_1}, 0 \leqslant t \leqslant t_1 \text{ 时} \\[2mm] \sigma_0, t > t_1 \text{ 时} \end{cases} \tag{4.27}$$

现在确定 K 体的应变变化规律。在 $0^+ \leqslant t \leqslant t_1$ 时,令 $\sigma_0/t_1 = v$,则 $\sigma = vt$,由 K 体本构方程可得:

$$\dot{\varepsilon} + \frac{E}{\beta}\varepsilon = \frac{v}{\beta}t$$

解上式并考虑初始条件 $t = 0^+$ 时,$\varepsilon = 0$,则可得出 K 体应变的变化规律,即:

$$\varepsilon = \frac{vt}{E} - \frac{v\beta}{E^2}(1 - e^{Et/\beta}) \tag{4.28}$$

当 $t = t_1$ 时,

$$\varepsilon(t_1) = \frac{vt_1}{E} - \frac{v\beta}{E^2}(1 - e^{Et_1/\beta}) \tag{4.29}$$

当 $t \geqslant t_1$,$\sigma = \sigma_0$,此时间可看成在 $\sigma = vt$ 上再施加 $\sigma = -v(t - t_1)$,因而 $vt - v(t - t_1) = vt_1 = \sigma_0$。当 $\sigma_0 = -v(t - t_1)$ 时,按式(4.28)有:

$$\varepsilon' = \frac{-v(t - t_1)}{E} + \frac{v\beta}{E^2}[1 - e^{-E(t-t_1)/\beta}] \tag{4.30}$$

将式(4.30)和式(4.28)相加得 $t \geqslant t_1$ 时应变的变化规律,即:

$$\varepsilon(t - t_1) = \frac{vt_1}{E} + \frac{v\beta}{E^2}[1 - e^{Et_1/\beta}] \tag{4.31}$$

当 t_1 很小趋近于零时,按泰勒极数展开,并略去高次项可得:

$$e^{Et_1/\beta} = 1 + \frac{E}{\beta}t_1 \tag{4.32}$$

代入式(4.31)经整理后得:

$$\varepsilon(t) = \frac{\sigma_0}{E}\big[1 - e^{Et/\beta}\big] \tag{4.33}$$

即得出瞬时加载时的蠕变方程。

4.3.2　非线性 Xiyuan 模型及特性分析

在岩石力学中采用的五元件模型为 Xiyuan 模型,又称为宾厄姆-沃格特模型,由一个 Hooke 弹性体元件、一个 Kelvin-Voige 模型及一个理想黏塑性体串联而成,能最全面地反映岩石的弹-黏弹-黏塑性特征,其力学模型如图4.8所示。

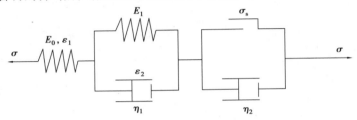

图4.8　Xiyuan 模型示意图

在这种模型中,当 $\sigma < \sigma_s$ 时,摩擦片为刚体。因此,模型与广义开尔文模型完全相同,其模型的本构方程、蠕变方程分别为:

$$\sigma + \frac{\eta_1}{E_0 + E_1}\dot{\sigma} = \frac{E_0 E_1}{E_0 + E_1}\varepsilon + \frac{\eta_1 E_1}{E_0 + E_1}\dot{\varepsilon} \tag{4.34}$$

对式(4.34)两边按应变进行求解,得其蠕变方程式为:

$$\varepsilon = \sigma_0\Big[\frac{E_1 + E_0}{E_1 E_0} - \frac{1}{E_1}\exp\Big(-\frac{E_1}{\eta_1}t\Big)\Big] \tag{4.35}$$

具有瞬时弹性变形,稳定蠕变,当 $t \to \infty$ 时:

$$\varepsilon_\infty = \frac{E_1 + E_0}{E_1 E_0}\sigma_0 = \frac{\sigma_0}{E_\infty}$$

$\sigma \geq \sigma_s$ 时,其性能类似于伯格斯(Burgers)模型,所不同的仅是模型中的应力应扣去克服摩擦片阻力 σ_s 部分,其流变本构方程为:

$$(\sigma - \sigma_s) + \Big(\frac{\eta_2}{E_0} + \frac{\eta_2 + \eta_1}{E_0}\Big)\dot{\sigma} + \frac{\eta_2 \eta_1}{E_0 E_1}\ddot{\sigma} = \eta_2\dot{\varepsilon} + \frac{\eta_2 \eta_1}{E_1}\ddot{\varepsilon} \tag{4.36}$$

对式(4.36)两边按应变进行求解,得其蠕变方程为:

$$\varepsilon = \frac{\sigma_0}{E_0} + \frac{\sigma_0}{E_1}\Big[1 - \exp\Big(-\frac{E_1}{\eta_1}t\Big)\Big] + \frac{\sigma_0 - \sigma_s}{\eta_2}t \tag{4.37}$$

具有瞬时弹性和随时间增加应变无限增加的特性。

Xiyuan 模型反映当应力水平低时,开始变形较快,一段时间后逐渐趋于稳定成为稳定蠕变;当应力水平等于和超过岩石某一临界应力值(如 σ_s)后,逐渐转化为不稳定蠕变。它能反映许多岩石蠕变的这两种状态,故此模型在岩石流变学中应用广泛,它特别适用于反映软岩的流变特征。

4.3.3　非线性黏弹塑模型

岩石在长期荷载作用下,最初产生弹性变形及原生节理裂隙的闭合现象。随着时间的推移,岩石内部裂隙逐渐扩展,并不断产生新的裂纹和扩展贯通。当应力水平超过岩石的长期强度时,将会产生加速蠕变阶段,但蠕变特性受温度、湿度、荷载类别、应力水平、孔隙水压水等因素影响。岩石流变破坏在很大程度上取决于材料结构的缺陷以及非均质性和微裂隙长期损伤累积破坏综合作用,流变速率随着应力水平而变化。低应力和较高应力水平时,蠕变曲线只表现为初始蠕变和稳态蠕变两个阶段,但在破裂应力水平时,蠕变曲线由初始蠕变、稳态蠕变和加速蠕变 3 个阶段组成。在相同应力水平作用下,岩石随着水压的增大,孔隙水起到促进岩石变形的作用,强度不断劣化,蠕变破坏时间逐渐缩短,岩体的变形能力增大,非线性特征越加明显。而在传统的模型理论中,常认为岩石材料的蠕变参数是定常数,因而无法反映非线性蠕变特性。因此,根据岩石在高应力、高孔隙水压力下的蠕变特性引入一个非线性黏滞系数牛顿元件。该牛顿体的黏滞系数随时间的变化过程符合下式:

$$\eta(\sigma, t, u_w) = \frac{\eta_0}{\sigma^{n-1}} t^{-(n_0 + m u_w)} \tag{4.38}$$

式中　t——加载时间;

　　　n_0——反映温度与无孔隙水压力时加速蠕变指数;

　　　u_w——孔隙水压力;

　　　m——与孔隙水压力有关的加速蠕变指数;

　　　η_0——加速蠕变初始黏滞系数;

　　　$n_0 + m u_w$——表征孔隙水压力影响的特征参数;

　　　n——反映应力水平对黏滞系数影响的特征参数。

将 $\eta(\sigma, t, u_w)$ 代替传统黏性元件的黏滞系数,可得引入的非线性黏滞系数牛顿元件的本构方程为:

$$\dot{\varepsilon} = \frac{\sigma^n}{\eta_0} t^{n_0 + m u_w} \tag{4.39}$$

式中　$\dot{\varepsilon}$——应变速率;

　　　σ——应力水平。

4.3.4　非线性黏弹塑模型及特点

实践表明,由弹性固体元件(H)、黏滞体元件(N)和塑性固体元件(V)按 H-H/N-V/N

方式组合而成的西原模型特别适合描述软岩初始蠕变阶段和稳态蠕变阶段的蠕变特性。为更好地描述软岩的非线性蠕变特征,将非线性黏性模型与西原模型串联,得到一个软岩非线性黏弹塑性蠕变模型,如图4.9所示。

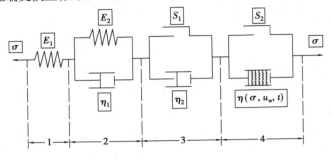

图 4.9 软岩复合流变模型

模型由4部分组成,第1部分可以模拟软岩的弹性变形;第2部分可模拟软岩的弹塑性;第3部分可模拟软岩的黏塑性;第4部分可模拟软岩的非线性塑性流动。

①一维情况下,当 $\sigma > s_2$ 时,复合模型变为7元件黏弹塑性模型。根据其组合特征,相应的状态方程为:

$$
\begin{cases}
\varepsilon = \varepsilon_1 + \varepsilon_2 + \varepsilon_3 + \varepsilon_4, \sigma = \sigma_1 + \sigma_2 + \sigma_3 + \sigma_4 \\
\dot{\varepsilon} = \dot{\varepsilon}_1 + \dot{\varepsilon}_2 + \dot{\varepsilon}_3 + \dot{\varepsilon}_4, \sigma_1 = E_1 \varepsilon_1 \\
\sigma_2 = E_2 \varepsilon_2 + \eta_1 \dot{\varepsilon}_2, \sigma_3 = s_1 + \eta_2 \dot{\varepsilon}_3, \sigma_4 = s_2 + \eta \dot{\varepsilon}_4
\end{cases}
\tag{4.40}
$$

由(4.40)式可导得软岩复合流变模型的微分本构方程:

$$
\ddot{\varepsilon} + \frac{E_2}{\eta_1} \dot{\varepsilon} = \frac{1}{E_1} \ddot{\sigma} + \frac{E_1 + E_2}{\eta_1 E_1} \dot{\sigma} + \frac{1}{\eta_2}(\dot{\sigma} - \dot{s}_1) + \frac{n}{\eta_0} t^{n_0 + m u_w}(\sigma - s_2)^{n-1}(\dot{\sigma} - \dot{s}_2) +
$$

$$
\frac{E_2}{\eta_1 \eta_2}(\sigma - s_1) + \left(\frac{n_0 + m u_w}{\eta_0} + \frac{E_2}{\eta_0 \eta_1}t\right)t^{n_0 + m u_w - 1}(\sigma - s_2)^n
\tag{4.41}
$$

上面各式中,$E_1, E_2, \eta_1, \eta_2, \eta$ 分别为软岩弹性、黏性参数;$\sigma_1, \sigma_2, \sigma_3, \sigma_4$ 分别为组合模型中1,2,3和4中对应部分的应力;$\varepsilon_1, \varepsilon_2, \varepsilon_3, \varepsilon_4$ 为相应部分的应变;s_1, s_2 为相应塑性固体元件的极限摩阻力。显然,式(4.41)不仅可以表述 s_1, s_2 随时间变化的软岩非线性黏弹塑性流变特性,也可描述 s_1, s_2 为常数的软岩非线性黏弹塑性流变特性。当 s_1, s_2 为常数时,相应的本构方程变为:

$$
\ddot{\varepsilon} + \frac{E_2}{\eta_1} \dot{\varepsilon} = \frac{1}{E_1} \ddot{\sigma} + \left(\frac{E_1 + E_2}{\eta_1 E_1} + \frac{1}{\eta_2} + \frac{1}{\eta_0}(\sigma - s_2)^{n-1} t^{n_0 + m u_w}\right)\dot{\sigma} + \frac{E_2}{\eta_1 \eta_2}(\sigma - s_1) +
$$

$$
\left(\frac{n_0 + m u_w}{\eta_0} + \frac{E_2}{\eta_0 \eta_1}t\right)t^{n_0 + m u_w - 1}(\sigma - s_2)^n
\tag{4.42}
$$

②当 $\sigma \leqslant s_1$ 时,模型变为广义开尔文模型,属于稳定蠕变模型,具有弹性后效、松弛,其相应的本构方程为:

$$\sigma + \frac{\eta_1}{E_1 + E_2}\dot{\sigma} = \frac{E_1 E_2}{E_1 + E_2}\varepsilon + \frac{E_1 \eta_1}{E_1 + E_2}\dot{\varepsilon} \qquad (4.43)$$

相应地,蠕变方程为:

$$\varepsilon = \frac{\sigma_0}{E_1} + \frac{\sigma_0}{E_2}\left[1 - e^{-\frac{E_2}{\eta_1}t}\right] \qquad (4.44)$$

③当 $s_1 < \sigma \leqslant s_2$ 时,模型变为西原正夫模型,能全面反映软岩的弹-黏弹-黏塑性特性,其相应的本构方程为:

$$\ddot{\sigma} + \left(\frac{E_2}{\eta_1} + \frac{E_2}{\eta_2} + \frac{E_1}{\eta_1}\right)\dot{\sigma} + \frac{E_1 E_2}{\eta_1 \eta_1}(\sigma - s_1) = E_1\ddot{\varepsilon} + \frac{E_1 E_2}{\eta_1}\dot{\varepsilon} \qquad (4.45)$$

蠕变方程为:

$$\varepsilon = \frac{\sigma_0}{E_1} + \frac{\sigma_0}{E_2}\left(1 - e^{-\frac{E_2}{\eta_1}t}\right) + \frac{\sigma_0 - s_1}{\eta_2}t \qquad (4.46)$$

④当 $\sigma > s_2$ 时,复合流变模型能完整描述软岩的初始蠕变阶段、稳态蠕变阶段和加速蠕变阶段,并且能反映高应力和孔隙水压力对软岩蠕变特性的影响。对式(4.42)进行拉氏变换和拉氏逆变换可得复合流变模型的蠕变方程:

$$\varepsilon = \frac{\sigma_0}{E_1} + \frac{\sigma_0}{E_2}\left(1 - e^{-\frac{E_2}{\eta_1}t}\right) + \frac{\sigma_0 - s_1}{\eta_2}t + \frac{(\sigma - s_2)^n}{\eta_0(n_0 + mu_w + 1)}t^{n_0 + mu_w + 1} \qquad (4.47)$$

地下工程中,岩土体大多处于三维应力状态。假如岩石为各向同性体,将岩体内部应力张量 σ_{ij} 分解为球应力张量 σ_m 和偏应力张量 S_{ij};应变张量 ε_{ij} 分解为球应变张量 ε_m 和偏应变张量 e_{ij},并且假设蠕变仅由偏应力张量 S_{ij} 引起。蠕变过程中,泊松比保持不变,则由流变理论可得复合流变模型三维应力状态下的蠕变方程:

$$\varepsilon = \frac{S_{ij}}{2G_1} + \frac{S_{ij}}{2G_2}\left(1 - e^{-\frac{G_2}{\eta_1}t}\right) + \frac{S_{ij} - (s_{ij})_1}{\eta_2}t + \frac{\left(S_{ij} - (s_{ij})_2\right)^n}{\eta_0(n_0 + mu_w + 1)}t^{n_0 + mu_w + 1} \qquad (4.48)$$

在等围压的常规三轴压缩蠕变试验中,复合流变模型的蠕变方程为:

$$\varepsilon = \frac{\sigma_1 - \sigma_3}{3G_1} + \frac{\sigma_1 - \sigma_3}{3G_2}\left(1 - e^{-\frac{G_2}{\eta_1}t}\right) + \frac{(\sigma_1 - \sigma_3) - (\sigma_1 - \sigma_3)_{s_1}}{\eta_2}t +$$
$$\frac{\left((\sigma_1 - \sigma_3) - (\sigma_1 - \sigma_3)_{s2}\right)^n}{\eta_0(n_0 + mu_w + 1)}t^{n_0 + mu_w + 1} \qquad (4.49)$$

对式(4.47)两边分别对 t 求一阶、二阶导数可得:

$$\dot{\varepsilon} = \frac{\sigma_0 - s_1}{\eta_2} + \frac{\sigma_0}{\eta_1}e^{-\frac{E_2}{\eta_1}t} + \frac{(\sigma - s_2)^n}{\eta_0}t^{n_0 + mu_w} \qquad (4.50)$$

$$\ddot{\varepsilon} = -\frac{\sigma_0 E_2}{\eta_1^2}e^{-\frac{E_2}{\eta_1}t} + \frac{(\sigma - s_2)^n}{\eta_0}(n_0 + mu_w)t^{n_0 + mu_w - 1} \qquad (4.51)$$

由式(4.50)、式(4.51)可得,应变速率 $\dot{\varepsilon}$ 恒大于零,而应变加速率 $\ddot{\varepsilon}$ 随着 n、n_0、m 的不同取值,可以大于零、等于零或小于零,恰好可以模拟软岩蠕变全过程曲线的衰减蠕变阶段、稳态蠕变阶段和加速蠕变阶段。在加速蠕变阶段,模型的蠕变随时间快速增长,蠕变曲线增长的程度随 n、n_0、m 的变化而变化,其相应的蠕变特征曲线如图 4.10 所示。

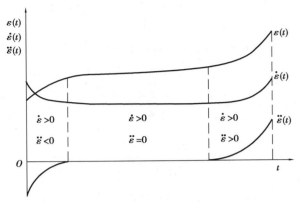

图 4.10　软岩复合流变模型的蠕变特征曲线

4.3.5　非线性黏弹塑模型参数敏感性分析

1)参数 m、n 的敏感性

图 4.11 所示为应力、孔隙水压力及其余参数都相同($\sigma_0 = 40$ MPa、$E_1 = 10\ 000$ MPa、$E_2 = 2\ 700$ MPa、$\eta_1 = 9\ 300$ MPa、$\eta_2 = 1\ 500$ MPa、$s_1 = 10$ MPa、$s_2 = 10$ MPa、$\eta_0 = 125\ 000$ MPa、$n_0 + mu_w = 0.2$),参数 n 取不同值时,利用式(4.47)得到的蠕变曲线。图 4.12 所示为应力、孔隙水压力及其余参数都相同($\sigma_0 = 35$ MPa,$n = 0.2$,$n_0 = 0.2$,$u_w = 10$ MPa,E_1、E_2、η_1、η_2、s_1、s_2、η_0 与图 4.11 相同),参数 m 取不同值时的复合流变模型蠕变曲线。

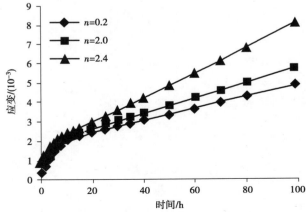

图 4.11　参数 n 不同取值时,复合流变模型蠕变曲线

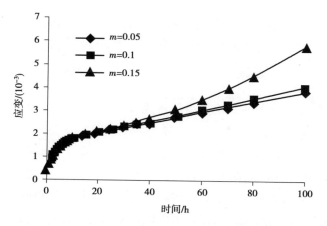

图 4.12　参数 m 不同取值时,复合流变模型蠕变曲线

由图可知,随着流变指数 m 的增加,蠕变变形量和蠕变速率越大,岩石流变全程曲线逐渐由黏弹性向黏弹塑性过渡,同时衰减段蠕变曲线持续时间越长、蠕变曲线半径越大,蠕变效应引起的蠕变量也随 m 的增大而非线性加速增大,复合流变模型理论曲线充分反映了软岩的加速蠕变特性;参数 n 的变化在开始阶段相当较小,但当 n 超过 2 以后,呈非线性加速增大。同时,从图中可看出,模型对参数 m 的敏感性要高于 n。

2) 孔隙水压力影响

图 4.13 所示为应力及其余参数均相同($\sigma_0 = 35$ MPa,$n_0 = 0.2$、$n = 0.2$、$m = 0.06$,E_1,E_2、η_1、η_2、s_1、s_2、η_0 与图 4.11 相同),不同孔隙水压力作用下,复合流变模型的蠕变曲线。从图中可知,随着孔隙水压力的增大,蠕变变形量和蠕变速率越大,蠕变破坏时间逐渐缩短,稳态蠕变到加速蠕变过渡不再明显,呈现出脆性破坏特性。这主要是随着孔隙水压力的增加,在岩石内部的裂隙尖端产生应力集中,增强了裂纹的扩展

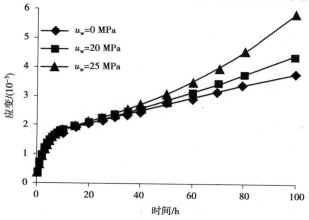

图 4.13　不同孔隙水压力时复合流变模型蠕变曲线

能力,内部孔隙逐渐连通,水被挤压排出的速度加快,岩石内孔隙水压力转而起到促进岩石劣化变形的作用,这也说明考虑孔隙水压力影响的必要性和合理性。

3) 应力水平影响

图 4.14 所示为孔隙水压力及其余参数均相同($n = 0.2$、$n_0 + mu_w = 0.2$,E_1、E_2、η_1、η_2、s_1、s_2、η_0 与图 4.11 相同),不同应力水平作用下,复合流变模型的蠕变曲线。从图中可以看出,当应力水平较低时,蠕变速率逐渐变缓,并最终趋于一个稳定值,说明复合流变模型同样具有衰减蠕变特性;随应力水平的提高,初始瞬时蠕变不断增加,蠕变量和蠕变速率呈非线性增大,衰减段蠕变曲线曲率增大,应变随时间增长不再收敛于某定值。以上分析表明,相对于西原模型而言,复合流变模型不仅包含西原体的的基本特性,而且还可考虑应力水平、孔隙水压力的非线性影响。因此,在描述软岩受高地应力、高孔隙水压力影响的黏弹塑性特征时,复合流变模型具有一定的理论意义和现实价值。

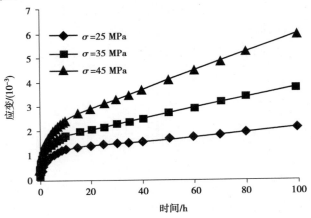

图 4.14　不同应力水平下复合流变模型蠕变曲线

4.4　蠕变模型参数识别

4.4.1　蠕变模型识别的基本原则

一般情况下,当变形(应变)或位移曲线具有明显的瞬时变形、黏弹性变形和黏塑性变形或稳定蠕变变形和非稳定性蠕变变形特征时,应遵循以下规则:

①利用瞬时变形或位移确定弹性和弹塑性参数。
②利用黏弹性变形或稳定蠕变变形确定黏弹性参数。
③利用黏塑性变形或非稳定蠕变变形确定黏塑性参数。

根据对岩体力学参数的分析和数值模拟计算经验表明,利用室内蠕变实验或现场实测曲线研究确定岩性参数时,弹性和黏弹塑性参数有以下规律:

①弹性参数 E_0、G_0、K 确定瞬时变形量的大小,即蠕变曲线 ε 轴上的截距大小或分级加卸载时的变形突变值大小。因此,用瞬时加卸载引起的位移或应变值确定弹性参数比较可靠。

②对黏弹性问题,黏弹性模量 E_1(或黏弹性剪切模量 G_1)决定蠕变第 I 阶段的变形量大小,也影响最终蠕变稳定值的大小。在进行参数估算时,计算变形量小于实际值时,降低 E_1、G_1 值;反之,增大 E_1、G_1 值。

③对黏弹性稳定蠕变问题,黏弹性系数 η_1 的大小决定蠕变达到稳定阶段时间的长短。η_1 值小,蠕变达到稳定阶段快;η_1 值大,蠕变达到稳定阶段慢。η_1 值与 E_1(单轴)或 G_1(多轴)值的差值越小,收敛速度越快;当 G_1(多轴)或 E_1(单轴)值不变时,η_1 值的变化只影响蠕变达到稳定阶段的时间,不影响最终的总变形量。

④蠕变第 II 阶段($\dot{\varepsilon} \neq 0$)的黏性系数 η_2 是 Maxwell 流变模型、Burgers 模型及黏塑性流变模型的参数,也是蠕变第 II 阶段的斜率,改变 η_2 值的大小可得到符合实际变形曲线的斜率;Maxwell 模型的总变形量决定于 E_0(G_0)和 η_2;Burgers 模型的总变形量决定于 E_0(G_0)、E_1(G_1)和 η_2。η_1 的大小影响蠕变第 I 阶段的曲率,η_1 值与 E_1 或 G_1 值的大小越靠近,曲线曲率越大;η_1 值与 E_1 或 G_1 值的大小越远离,曲线曲率越小,进入直线蠕变阶段的时间越长。

4.4.2　岩石蠕变模型识别的方法和特点

岩体本构模型及模型中参数的正确给定,由于受岩体介质异常复杂的制约而成为岩体力学理论研究中两大难题。在各种假设和简化条件下的岩体本构模型基本都是基于均质、连续、各向同性介质而得到的模型。尽管目前不连续岩体力学、各向异性体力学得到了发展,它们也更接近真实岩体,但得到的模型不仅特别复杂,而且包含太多无法确定的参数而达不到实用。因此,至今几乎所有岩体工程中的问题都是靠经验和实测进行分析。

就岩体本构模型而言,用经典的方法去研究是否该画上句号不敢妄下结论,但寻求更好更有效的解决途径实在必要。20 世纪 70 年代末兴起的岩体参数反分析为参数的正确给定开辟一条全新的途径受到普遍的关注。这不仅仅因为它是一种新方法,最主要是其反分析确定的参数可大大提高正分析的可靠性。同样,属于反分析范畴,将岩体看成一个系统,通过实测输入输出用系统辨识的方法来寻求岩体本构模型是一种不同于经典方法的新方法。显然,这是最主要一步,在确定模型的类属中仍然使用典经方法来得到模型的数学通式,似乎辨识得到的模型并没有脱出经典分析的范畴。但辨识的另外一个主要方面是辨识得到的模型与实测数据的良好拟合性,这使得实测数据中包含的关于系统更复杂因素的信息反映在了辨识得到的模型中,从而用辨识得到的模型进行正分析能更好地反映原系统的行为,这也就是辨识的意义所在。本节将介绍岩体本构模型辨识的一般方法和特点。

1)岩体本构模型辨识的一般方法

设在岩体中开掘了一条一定断面形状的洞室,断面形状与大小用 L 描述。如为圆形断面,L 就代表圆的半径;对直墙半圆拱,L 就代表直墙高和半圆半径,等等。又设在开掘洞室的位置测得了初始的应力,记为 $\sigma_0 = [\sigma_{x0} \sigma_{y0} \tau_{xy0}]^T$,则把 L 和 σ_0 统记为对岩体系统的一种输入。

在洞室掘进过程中设置了某一观测断面,在该断面洞周布置了 N 个测点,记为 $P_i(i=1,2,3,\cdots,N)$,从 t_0 时刻起,对每测点进行 M 个相同时步(步长为 Δt)的观测,得到每点 M 个不同时间间隔的位移增量。记第 i 个点在第 K 个时步的位移测值为 $\Delta u(p_{i,\tau_k})(i=1,2,\cdots,N,\ \tau_k=k\Delta t,k=1,2,\cdots,M)$,此即为在输入 L 和 σ_0 作用下系统的输出观测值。

根据已有的知识对岩体系统进行分析,认为可用某一类的模型来描述,记该类模型组成的模型集合为:

$$M = \{M(\theta,S)\} \tag{4.52}$$

其中,$\theta = [\theta_1 \theta_2 \cdots,\theta_n]^T$ 为模型的参数;S 为模型结构参数。

那么,岩体本构模型的辨识就是根据上述已知的输入和输出,从模型集合 M 中选出一个最合适的模型 M_{opt}。

显然,岩体本构模型是关于岩体系统的状态描述,即前文所述的内容描述,而实测的输入和输出是岩体系统外部描述。为了用外部描述的测值求出内部描述,需要将用本构模型表述的内部描述转化为用输入输出来表述的外部描述,即观测方程。现按某种规则从集合 M 中取出一模型 M_j,对应模型参数和结构参数分别为 θ_j、S_j,则观测方程可写为:

$$\Delta u' = f(\theta_j,S_j,\sigma_0,L,P_i,\tau_k) \tag{4.53}$$

选择输出残差的平方和作为系统辨识的准则函数,并以拟合度检验来确定结构参数 S_0,准则函数可写为:

$$J(\theta_j,S_j) = \sum_{i=1}^{N}\sum_{k=1}^{M}(\Delta u - \Delta u')^2 = \sum_{i=1}^{N}\sum_{k=1}^{M}[\Delta u(P_i,\tau_k) - f(\theta_j,S_j,\sigma_0,L,P_i,\tau_k)]^2 \tag{4.54}$$

从模型集合中按某种规则选取一模型 M_j,实际就是按某种规则给出 S_j。此时,准则函数 J 只以 θ_j 为变量,根据准则函数最小,可得:

$$\frac{\partial j}{\partial \theta_j} = 0 \tag{4.55}$$

从而求出 θ_j 和对应拟合误差 $J(\theta_j, S_j)$，而最合适的模型，也就是最合适的结构模型参数应使拟合误差最小，即：

$$M_{op2} \leftrightarrow \min_{M \in M} \left[J(\theta_j, S_j) \right] \tag{4.56}$$

2）岩体本构模型辨识的特点

从上述分析可以看出，岩体本构模型的辨识存在以下几个特点：

①对岩体系统不可能进行人为的试验，即不可能为辨识系统模型给岩体系统施加一种人为规定的特殊输入信息，以观测系统的响应，而只能凭施工过程中实测的输入输出进行辨识。

②一旦施工方案确定（如洞室掩埋、洞室几何形状），岩体系统的输入信息就不变，而且不可能人为去改变。因此，不可能用不同输入下的系统响应进行辨识，而只能用同一输入下不同位置不同时间的输出进行辨识。但这里并非单输入多输出的情况，因为输出的量只有一个，即位移，只是空间位置不同而已。

③岩体本构模型是系统的状态描述，而实测输入输出是系统的外部描述。为了用外部描述的测值辨识内部状态描述，需要根据状态描述导出系统的观测方程。这一过程就是根据本构模型求解析解的过程，视模型和边值条件的复杂程度，有的情况可以求得解析解，有的情况求不出解析解。对不能求得解析解的情况，就只能用数值解代替。

4.4.3 模型参数的确定和验证

基于蠕变试验结果，采用合理的方法对模型参数识别是蠕变模型研究中不可或缺的部分。模型参数智能辨识是高度复杂的非线性连续函数优化问题，主要有回归反演法、流变曲线分解法以及最小二乘法等。目前，应用较多是用最小二乘法来拟合蠕变参数，但最小二乘法解决非线性问题并不理想，存在依赖于初值、收敛速度慢、易失败等缺点。而 1stOpt 软件克服了优化计算领域中使用迭代法必须给出合适初值的难题，凭借其超强的寻优、容错能力，通过其独特的通用全局优化算法（Universal Global Optimization，UGO），在大多数情况下（大于 90%），从任意随机初始值开始，都能求得正确结果。参数智能辨识的基本原理和方法为在一组约束条件下寻求一个目标函数的极值问题，即：

$$\text{opt.} f(x_1, x_2, \cdots, x_n) \tag{4.57}$$

$$\text{s. t.} \begin{cases} g_i(x_1, x_2, \cdots, x_n) \leqslant 0, i = 1, \cdots, l \\ h_j(x_1, x_2, \cdots, x_n) \leqslant 0, j = l+1, \cdots, m \end{cases} \tag{4.58}$$

式中，$f(x_1, x_2, \cdots, x_n)$ 为蠕变模型目标函数；$x_1, x_2, \cdots, x_n$ 为决策变量；opt. 和 s. t. 分别为优化（optimal）和受约束于（subject to）；$g_i(x_1, x_2, \cdots, x_n) \leqslant 0$ 和 $h_j(x_1, x_2, \cdots, x_n) = 0$ 为约束条件。

则满足约束条件的全体 n 维向量 $X = (x_1, x_2, \cdots, x_n)^T$ 构成 n 维空间 R^n 中的子集,即

$$\Omega = \{X \in R^n \mid g_i(X) \leqslant 0, h_j(X) = 0, i = 1, \cdots, l, j = l+1, \cdots, m\} \quad (4.59)$$

Ω 为可行域,可行域中的点称为问题的可行解。若 $X^* \in \Omega$,对一切 $X \in \Omega$,都有 $f(X) \geqslant f(X^*)$,则称 X^* 为全局最优解;若 $X^* \in \Omega$,存在 X^* 的某个邻域 $N_i(X^*) = \{X \mid \|X - X^*\| < \varepsilon, X \in R^n\}$ 使得一切 $X \in \Omega$,都有 $f(X) \geqslant f(X^*)$,则称 X^* 为问题的全局最优解。显然,全局最优解必是局部最优解。

为了验证蠕变模型的合理性和适用性,拟合了徐卫亚等 2005 年发表在《岩土力学》的反映应力水平的绿片岩蠕变试验数据和刘东燕等 2014 年发表在《中南大学学报(自然科学版)》的反映孔隙水压力影响的砂岩蠕变试验数据。参数反演结果如表 4.4、表 4.5 所示,拟合曲线和试验曲线对比情况如图 4.15、图 4.16 所示。从图中可看出,两组数据拟合曲线与试验曲线吻合良好。这说明基于 1stOpt 软件的通用全局优化确算法能够快速准地识别出蠕变模型中的参数,有效解决了参数识别中初始值的选取问题,同时验证了文章提出的非线性复合流变模型的适用性和正确性。

表 4.4 应力水平影响的复合流变模型参数

G_1/MPa	G_2/MPa	η_1/MPa	η_2/MPa	η_0/MPa	n	n_0
73.1	3 025	288.2	1 306	1.56×10^6	2.224	11.396

表 4.5 孔隙水压力影响的复合流变模型参数

G_1/MPa	G_2/MPa	η_1/MPa	η_2/MPa	η_0/MPa	n	m	n_0
110.9	1 690.4	1 465.1	2 969.1	8.12×10^7	2.415 3	1.16	13.830 7

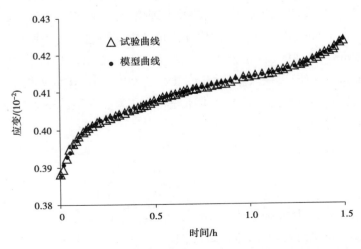

图 4.15 应力水平影响的软岩复合流变模型与试验结果对比

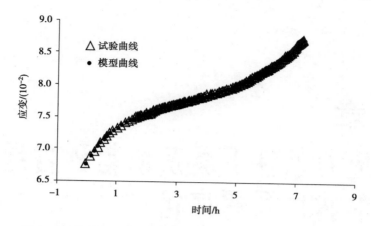

图 4.16　孔隙水压力影响的软岩复合流变模型与试验结果对比

结果表明,试验曲线与模型曲线吻合较好,初步表明可考虑应力水平和孔隙水压力影响的复合流变模型的适用性和正确性,而将通用全局优化算法应用于复合蠕变模型参数的智能识别,并用 1stOpt 软件编程实现反演。该方法凭借其超强的寻优、容错能力,能够快速准确地逼近精确解,能够较好地解决最小二乘法解决非线性问题并不理想,存在依赖于初值、收敛速度慢、不易收敛于全局极小点等问题。

第5章
复杂应力条件下凝灰质粉砂岩蠕变模型的推广及程序化

5.1　非线性黏弹塑性本构模型及其有限差分格式

　　根据前人的研究结果和分析可知,由于蠕变试验对应力水平总体上未达到凝灰质粉砂岩的屈服强度极限值,流变曲线未出现第三阶段的加速蠕变段。因此,常用的MBurgers 模型或者 NBurgers,还是考虑了含水损伤的蠕变模型,虽然都可描绘岩石蠕变过程的非线性弹性特性以及参数随含水量增大的损伤特性,但是这些模型不能反映出材料的塑性规律。黄明博士类似的研究结果表明,若凝灰质粉砂岩蠕变加载荷载足够大,则在较高的应力状态下,当应力差值达到岩石屈服应力时,则必将出现明显的黏塑性变形特征。对于这种情况,需要在常见的模型基础上再加上可以描绘塑性特性的元件。因此,本文将 M-C 元件和 KBurgers 模型串联,形成能模拟黏弹和黏塑应变率分量变形协调。模型的黏弹性体由 KBurgers 模型实现,黏塑性特性由 Mohr-Coulomb 准则实现,如图 5.1 所示。

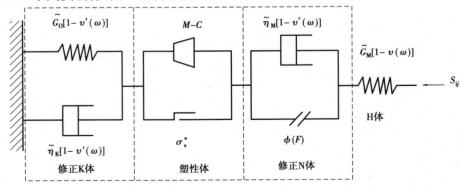

图 5.1　KBurgers-MC 模型

其本构方程描述如下：

①当 $\sigma < \sigma_s$ 时，黏弹塑性模型即为 KBurgers 模型，蠕变本构关系为

$$\varepsilon_{ij}(t) = \frac{\sigma_m \delta_{ij}}{3K^*} + \frac{S_{ij}}{2\tilde{G}_M^*} + \frac{S_{ij}}{2\tilde{G}_O^*}\left[1 - \exp\left(-\frac{\tilde{G}_O}{\eta_O}t\right)\right] + \left[\phi(F)\right] \cdot \frac{S_{ij}}{\tilde{\eta}_M^*}t \tag{5.1}$$

②当 $\sigma \geqslant \sigma_s$ 时，KBurgers-MC 蠕变模型偏量行为可由以下关系描述：

总应变偏量速率：

$$e_{ij} = e_{ij}^K + e_{ij}^H + e_{ij}^N + e_{ij}^P \tag{5.2}$$

修正 K 体：

$$S_{ij} = 2\tilde{G}_D^* e_{ij}^K = 2\tilde{\eta}_K^* e_{ij}^K \tag{5.3}$$

H 体：

$$e_{ij}^H = \frac{S_{ij}^*}{2\tilde{G}_M^*} \tag{5.4}$$

修正 N 体：

$$e_{ij}^N = \frac{S_{ij}^*}{2\tilde{\eta}_M^*} \tag{5.5}$$

M-C 元件体：

$$e_{ij}^P = \lambda\frac{\partial g}{\partial \sigma_{ij}} - \frac{1}{3}e_{vol}^p \delta_{ij} \tag{5.6}$$

其中，

$$e_{vol}^p = \lambda\left[\frac{\delta g}{\delta \sigma_{11}} + \frac{\delta g}{\delta \sigma_{22}} + \frac{\delta g}{\delta \sigma_{33}}\right] \tag{5.7}$$

在塑性力学中，一般假定球应力不产生塑性变形，因而整个模型的球应力速率可改写为：

$$\sigma_m = K^*(e_{vol} - e_{vol}^p) \tag{5.8}$$

式中　σ_m——模型的球应力速率；

K^*——考虑含水损伤的体积模量，其损伤规律与参数 G_M^* 相同。

M-C 屈服包络线包含剪切和拉伸两个准则，屈服准则是 $f = 0$，用主轴应力空间公式有剪切屈服：

$$f = \sigma_1 - \sigma_3 N_\varphi + 2c\sqrt{N_\varphi} \tag{5.9}$$

拉伸屈服：

$$f = \sigma_c - \sigma_1 \tag{5.10}$$

式中　c——黏聚力；

　　　φ——内摩擦角；

　　　σ_c——抗压强度；

N_φ——$(1 + \sin \varphi)/(1 - \sin \varphi)$;

σ_1, σ_3——最大和最小主应力。

函数 g 形式如下:

剪切破坏: $\qquad\qquad\qquad\qquad g = \sigma_1 - \sigma_3 N_\psi$

拉伸破坏: $\qquad\qquad\qquad\qquad g = -\sigma_3$

其中,ψ 为膨胀角,$N_\psi = (1 + \sin \psi)/(1 - \sin \psi)$;$\lambda$ 是只在塑性流动阶段不为零的参数,由塑性屈服条件 $f = 0$ 确定。

KBurgers-MC 模型除了具有 KBurgers 模型中的瞬时弹性变形、衰减蠕变、等速蠕变的性质、含水损伤性之外,还具有一塑性元件,可以描绘塑性的变化。该模型可以描绘不稳定蠕变,模型结构如图 5.1 所示。

对于应力超过屈服极限的情况,由 KBurgers-MC 模型来进行模拟。此时,模型中的 M-C 元件对应岩石不同含水状态下基本力学参数黏聚力、内摩擦角和抗拉强度可通过室内常规实验确定。

为了采用 FLAC3D 进行二次开发,便于含水损伤蠕变模型程序化,首先将式(5.2)写成增量的形式:

$$\Delta e_{ij} = \Delta e_{ij}^K + \Delta e_{ij}^H + \Delta e_{ij}^N + \Delta e_{ij}^P \qquad\qquad (5.11)$$

采用中心差分,式(5.11)可写成:

$$\overline{S}_{ij} \Delta t = 2 \tilde{\eta}_K^* \Delta e_{ij}^K + 2 \tilde{G}_O^* \overline{e}_{ij}^K \Delta t \qquad\qquad (5.12)$$

式中,$\overline{S}_{ij}$、$\overline{e}_{ij}^{-K}$ 分别为一个时间增量步内,修正 K 体的平均偏应力和平均偏应变。

同理,式(5.4)、(5.5)、(5.12)可分别表达为:

$$\overline{S}_{ij} \Delta t = 2 \tilde{G}_M^* \overline{e}_{ij}^{-H} \Delta t \qquad\qquad (5.13)$$

$$\overline{S}_{ij} \Delta t = 2 \tilde{\eta}_M \Delta e_{ij}^N \qquad\qquad (5.14)$$

$$\Delta \sigma_0 = K^* (\Delta e_{vol} - \Delta e_{vol}^p) \qquad\qquad (5.15)$$

其中,

$$\begin{cases} \overline{S}_{ij} = \dfrac{S_{ij}^O + S_{ij}^N}{2} \\[3mm] \overline{e}_{ij} = \dfrac{e_{ij}^O + e_{ij}^N}{2} \end{cases} \qquad\qquad (5.16)$$

式中,字母上标 N 和 O 分别表示一个时间增量步内新的量值和老的量值。S_{ij}^O、S_{ij}^N 分别是一个时间增量步内的老、新应力偏量;e_{ij}^O、e_{ij}^N 分别为老、新的应变偏量。

将式(5.15)代入式(5.12)得:

$$e_{ij}^{K,N} = \frac{1}{A} \left[B e_{ij}^{K,O} + \frac{\Delta t}{4 \tilde{\eta}_K^*} (S_{ij}^N + S_{ij}^O) \right] \qquad\qquad (5.17)$$

式中, $A = 1 + \dfrac{\tilde{G}_0^* \Delta t}{2 \tilde{\eta}_K^*}, B = 1 - \dfrac{\tilde{G}_0^* \Delta t}{2 \tilde{\eta}_K^*}$。

将式(5.13)、式(5.14)、式(5.17)带入式(5.11), 再利用式(5.16)可以得到:

当 $F \leqslant 0$ 时,

$$S_{ij}^N = \frac{1}{a} \left[\Delta e_{ij} - \Delta e_{ij}^P + b S_{ij}^O - \left(\frac{B}{A} - 1 \right) e_{ij}^{K,O} \right] \tag{5.18a}$$

其中, $a = \dfrac{1}{2 \tilde{G}_M^*} + \dfrac{\Delta t}{4 A \tilde{\eta}_K^*}, b = \dfrac{1}{2 \tilde{G}^*} + \dfrac{\Delta t}{4 A \tilde{\eta}_K^*}$。

当 $F > 0$ 时,

$$S_{ij}^N = \frac{1}{a} \left[\Delta e_{ij} - \Delta e_{ij}^P + b S_{ij}^O - \left(\frac{B}{A} - 1 \right) e_{ij}^{K,O} \right] \tag{5.18b}$$

其中, $a = \dfrac{1}{2 \tilde{G}_M^*} + \dfrac{\Delta t}{4} \left(\dfrac{1}{\tilde{\eta}_M^*} + \dfrac{1}{A \tilde{\eta}_K^*} \right), b = \dfrac{1}{2 \tilde{G}_M^*} + \dfrac{\Delta t}{4} \left(\dfrac{1}{\tilde{\eta}_M^*} + \dfrac{1}{A \tilde{\eta}_K^*} \right)$。

由式(5.15), 球应力也写成差分的形式:

$$\sigma_0^N = \sigma_0^O + K^* (\Delta e_{\text{vol}} - \Delta e_{\text{vol}}^P) \tag{5.19}$$

类似式(5.18a)和式(5.18b)的形式, 可得到 Kelvin 体新的球应变:

$$e_0^{K,N} = \frac{1}{C} \left[D e_0^{K,O} + \frac{\Delta t}{6K} (\sigma_0^N + \sigma_0^O) \right] \tag{5.20}$$

其中, $C = 1 + \dfrac{K^* \Delta t}{2 \tilde{\eta}_K^*}, D = 1 - \dfrac{K^* \Delta t}{2 \tilde{\eta}_K^*}$。

本文中的塑性流动性则采用不相关联的 M-C 流动法则。当屈服函数 $f < 0$ 时, 需要根据塑性应变增量来更新应力。此外, 对于开关函数, 在满足 $F \leqslant 0$ 的情况下, 除不考虑塑性应变外, 修正 N 体也不起作用。故 KBurgers-MC 模型的应力-应变关系可以通过式(5.18a)、式(5.18b)、式(5.19)表达。

5.2　模型的程序实现

5.2.1　FLAC3D 简介

FLAC3D 是快速拉格朗日分析方法。它采用显式有限差分法, 可以模拟岩土或其他材料的力学行为。FLAC3D 将计算区域划分为若干个单元, 每个单元在给定的边界条件下遵循指定的线性或非线性本构关系。如果单元应力使得材料屈服或产生塑性流动, 则单元网格可以随着材料的变形而变形, 这就是拉格朗日算法。由于采用显式有限差分格式来求解场的控制微分方程, 并应用混合单元离散模型, 所以它可以准确地模拟材料的屈服、塑性流动、软化或大变形, 尤其在材料的黏弹塑性分析、大变形分析以及模拟施工过程等领域有其独特的优点。

FLAC3D 有如下的特点：

①能进行任意界面的连续体的大应变仿真分析；

②拥有多种材料本构方程库；

③可考虑地下水对结构的耦合作用；

④拥有与周围介质耦合的结构单元；

⑤能进行热应力和蠕变计算；

⑥可以增加新的本构关系和新的命令；

⑦可以模拟周围介质和结构界面之间的滑移和张开等。

在 FLAC3D 计算过程中，首先调用运动方程，由初始条件和初始应力计算出新的速度和位移。由速度计算出应变率，根据本构关系计算出新的应力和力。显式有限差分法的计算过程如图 5.2 所示。FLAC3D 的本构关系二次开发是由前一计算时间步的应力和总应变增量和其他一些新的参数，通过本构关系得到新的应力和应变的过程。

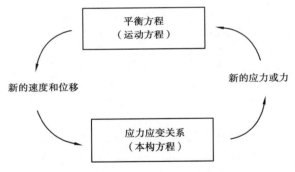

图 5.2　FLAC3D 的计算循环图

5.2.2　FLAC3D 二次开发环境

类似于用 FISH 进行用户自定义模型的方法，FLAC3D 采用面向对象的语言 VC ++ 编写。模型的主要功能是给定应变增量，获得新的应力。FLAC3D 中的所有本构模型都是以动态链接库文件的形式提供，自定义本构模型也是这样。动态链接库文件采用 VC ++ 6.0 及以上版本翻译得到。采用动态链接库的方法具体有如下优点：

①自定义本构模型和软件自带的本构模型的执行效率处在同一个水平；

②自定义本构模型适用于高版本的 FLAC3D。

用 VC ++ 编写自定义 FLAC3D 本构模型的过程主要包括：基类、成员函数的定义，模型注册，模型与 FLAC3D 间的数据传递以及模型状态指示。

（1）本构模型的基类

基类提供实际本构模型的框架，用户自定义模型基类都继承于该类。基类命名为 Constitutive Model，由于它定义了一系列虚的成员函数，因此又被称为抽象类。这意味着，这种基类不能被实例化，并且任何它的衍生类需要对 Constitutive Model 的每一个纯虚拟成员函数进行重载。基类的头文件（.h 文件）中定义了这些虚的成员函数。

（2）模型成员函数

Constitutive Model 类有很多成员函数，主要有：

①const char * Keyword（　）：返回一个指向字符串数组（本构模型名称）的指针，以便用户在 FLAC3D 中使用 MODEL 命令时，VC ++ 能够识别。

②const char * name（　）：返回一个指向包含模型名称的字符组的指针，以识别用户使用如 PRINT Zone 等命令。

③const char * * properties（　）：返回一个指向包含模型力学参数名称的字符串数组的指针，并用一个空指针代表字符串数组的结束。这样程序用于识别用户输入的 PROPERTY 命令。

④const char * States（　）：返回一个包含单元状态名称的字符串数组的指针，并用一个空指针代表字符串数组的结束。这样程序就能输出或显示用户自定义的模型内部状态，如塑性流动、屈服、受拉。

⑤const char * Initialize（unsigned uDim , State * ps）：当 FLAC3D 给定 CYCLE 命令或执行大应变校正时，每个模型对象使用一次此函数。模型对象可能将其特征或者状态变量初始化，或者什么都不做。维数（FLAC3D 为 3）以 uDim 给出，同时结构 PS 包含了含有模型对象区域的当前信息。如果发现错误，则返回一个字符串变量的指针，否则返回 0。注意，当使用 Initialize 命令时，应变是未定的；全区域的平均应力分量可用于状态结构中，它们不会使用 Initialize（　）成员函数而改变。

⑥Const Char * Run（unsigned uDim , State * ps）：该函数在 FLAC3D 计算循环的每一步对每一个子单元使用。模型根据应变增量对应力张量进行更新。这个函数是本构模型的核心，不同的本构模型通过不同的 RUN（　）函数得到不同的应力张量。所有本构模型的 RUN（　）函数都继承自 Constitutive Model 类的 RUN（　）函数。当使用 RUN（　）函数时，应力分量已经包含了角度校正项。如果发现错误，返回一个字符串变量指针，否则返回 0。

（3）模型注册

每一个用户自定义本构模型有其自己的模型名称、力学参数名称和状态指示器。

FLAC3D 通过调用模型对象的静态全局实例获得用户定义模型的信息并使用结构子（constructor）将新模型注册到模型列表中。一个特定模型只有一个静态注册产生，方便将其放到模型的 VC ++ 源码中,这样当相应的.dll 文件被装载时,模型被注册。

(4)数据传递

FLAC3D 和用户自定义模型间的最重要的连接就是成员函数 Run(unsigned uDim, State* ps),它在模型的计算循环时计算其力学响应。State 结构被用来传输信息和生成模型。同时,在非线性模型中,Run( )函数也用来传递模型的内部状态。

(5)状态指示

FLAC3D 中的单元是由四面体子单元所组成,每一个四面体有记录其当前状态的成员变量。该成员变量共有 16 位,能够代表最多 15 种不同的状态。对于用户定义本构模型,用户可以命名一种状态并为其分配特定的位。

(6)头文件和源文件

在 VC ++ 中,主要有头文件(.h)和 VC ++ 源文件(.cpp)两种文件类型。头文件作为一种包含功能函数、数据接口声明的载体文件,用于保存程序的声明(declaration),是用户应用程序和函数库之间的桥梁和纽带。

FLAC3D 需要用到的头文件和源文件如表 5.1 所示。

表 5.1 FLAC3D **本构模型需要用到的头文件和源文件**

名称	功能
CONMODEL. h	声明与本构模型交换数据的变量数据类型 State 保存结果的数据类型 Model Save Object 和本构模型基类 Constitutive Model
STENSOR. h	声明存储对称张量(应力或应变张量)STensor 类
AXES. h	声明一个与坐标轴变换有关的数据类型 Axes 和相关函数
CONTABLE. h	声明一个 ConTableList 类,该类为本构模型提供一张表,该表用来存储模型单元或节点 ID 号
USERMODEL. h	用户自定义本构模型派生类的声明
USERMODEL. cpp	用户自定义本构模型的由应变增量获得应力增量的实现

5.2.3 非线性黏弹塑性本构模型的程序流程

本文采用 VC ++ 6.0 对 KBurgers-MC 模型进行程序化的流程如图 5.3 所示。

通常,岩石在三维状态下的蠕变形式发生变化的开关函数是:

$$\begin{cases} 当 F \leqslant 0 时, \phi(F) \geqslant 0 \\ 当 F > 0 时, \phi(F) \geqslant 1 \end{cases} \tag{5.21}$$

其中,$\phi(F)$ 通常存在两种形式,$\phi(F) = e^{M(\frac{F}{F_0})} - 1$ 或 $\phi(F) = \left(\frac{F}{F_0}\right)^N$。其中,$\phi(F)$ 可由凝灰质粉砂岩的开关函数通过单轴蠕变试验结果得到。

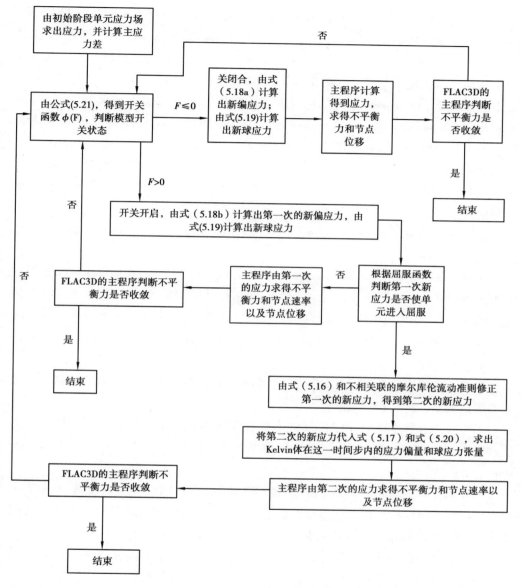

图 5.3　userkburgers.dll 程序编写流程图

5.2.4　模型程序编写

针对本文的考虑含水损伤的 KBurgers-MC 模型,在 FLAC3D 提供的本构模型库中选择 Cvise 模型为开发的蓝本模型。在 VC++6.0 环境中创建动态链接库的基本步骤如下:

①新建一个空的 WIN32Dynamic-link library,命名为 ninghuizhifenshayan,系统将自动生成文件夹:D/ninghuizhifenshayan 及内部的一些工程文件。

②把所有需要的文件 ninghuizhifenshayan. cpp、ninghuizhifenshayan. h、AXES. H、Conmodel. h、STENSOR. H、vcmodels. lib 都放在：D/ninghuizhifenshayan 下面。头文件 STENSOR. H 中定义结构的 struct Stensor，stensor 类型的数据结构可以用来定义任何一个对称二阶张量。AXES. H 文件定义了结构的 struct AXes，Axes 类型的数据用来定义坐标系统。Conmodel. h 文件包含两个结构体和一个纯虚本构模型类型：struct State，struct ModelSave Object，class CONSTITUTIVE Model。结构体类型 State 包含描绘一个子单元状态的 24 个变量。对于本文，最重要的 4 个变量是 unsigned char byoverlay，STensor stne，Stensor stns，boolbcreep。第一个变量取值只能是 1 或者 2。FLAC3D 在计算时，需将一个六面体单元离散成 5 个四面体单元处理，每个四面体单元的应变都是常量。

③PROJECT→add to project→files，添加 ninghuizhifenshayan. cpp 和 ninghuizhifenshayan. h 文件到工作空间。

④对文件自定义模型文件 ninghuizhifenshayan. cpp 和 ninghuizhifenshayan. h 进行内部添加和修改。按照图 5.3 所示模型流程图的基本思路，采用 VC ++ 语言将本文建立的 KBurgers-MC 模型编入文件，然后保存。此外，还需对 ninghuizhifenshayan. cpp 文件进行编译，检测程序是否存在编写错误。若无，则进行下一步操作，否则根据错误提示进行修改。

考虑含水损伤的 KBurgers-MC 在派生 Constitutive Model 类时，有几点不同于一般的弹塑性模型，需要引起注意：

a. 在秩代求解过程中，FLAC3D 的本构程序框架采用的是假设总应变增量的算法，即每一个计算时间步的总应变增量由结构体 struct state 中的成员变量 STensor stne 给出；

b. 在派生 Constitutive Model 类时，除了申明几个必要的计算参数变量外，还需要额外的申明 7 个双精度浮点数类型的变量，这 7 个变量分别用来存放一个计算时间步内 Kelvin 体新的偏应变和球应变；

c. 在 FLAC3D 的计算过程中，常常需要暂停求解，以查看需要求解一定蠕变时间，然后根据位移或者不平衡力的情况确定接下去的处理办法。

⑤PROJECT→settiings，点击 Link 标签，在 category：的下拉菜单中选择 INPUT 选项；在 OBJECT/Library modules 下，与其他文件后面空格隔开，添加 VCMODELS. LIB 文件。

⑥BUILD → Rebuild all，创建动态链接库文件，此时生成需要的模型在 D/ninghuizhifenshayan//debug 下。将 ninghuizhifenshayan. dll 文件拷贝到 FLAC3D 安装目录的 Source 文件夹中即可利用软件调用。

5.3　模型验证

1）黏弹性特性

为验证 ninghuizhifenshayan 数值程序的正确性,基于一个单轴压缩的例子,对提出的岩石蠕变模型进行反算。模拟的试件尺寸为:高 110 mm,直径 50 mm,共划分 2 814 个单元、2 925 个节点。模型底部在 Y 方向约束,顶部施加一个 20 MPa 的分布压力,计算模型如图 5.4 所示。通过本文的 ningnhuizhifenshayan 和 FLAC3D 自带的 Kelvin 模型进行对比分析,以验证考虑含水损伤的 KBurgers-M 模型的正确性和合理性。

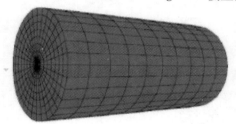

图 5.4　模型试件

首先,对黏弹性力学性质进行分析。FLAC3D 软件中提供了 burgers 模型,若计算时对其中 MAXWELL 体的黏滞系数不进行赋值,则 burgers 退化成广义的 Kelvin 模型。同样地,对于 ninghuizhifenshayan 程序,如果 MAXWELL 体的黏滞系数不进行赋值,同时将黏聚力和抗拉强度赋一个很大的值,这样计算过程就不会出现塑性状态,从而方便研究黏弹性特性。对于本次模拟将模型算例的计算参数,将由试验确定参数 K、$\tilde{G}_0$、$\tilde{G}_M$、η_K、ω;同时对上端节点$(0,0,0)$不同蠕变时刻 Y 方向即轴向的位移进行计算。计算结果如图 5.5 所示,图 5.5 所示为蠕变 48 h 后的计算结果。

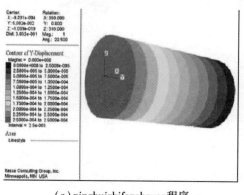

（a）ninghuizhifenshayan程序

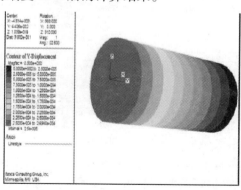

（b）Kelvin程序

图 5.5　48 h 后两种模型的 Y 方向位移等值图

由图 5.5 可知,两种程序下岩石试件在 Y 方向的位移总体上都是上端大,越靠近底部越小。采用 ninghuizhifenshayan 程序计算的最大轴向位移为 0.259 mm,采用 Kelvin 模型计算的结果为 0.259 4 mm,两者相差很小,两种计算模型也基本在 2 h 左右达到稳定,这和实验结果一致,说明本文编写的 ninghuizhifenshayan 程序在岩石黏弹性分析方面的合理性。

2)含水损伤特性

程序的含水损伤特性反算依旧采用同黏弹性一样的试件尺寸,模型的边界条件和材料参数一致,模型上端的加载应力为 25 MPa,含水率 ω 分别为 0、2%、3%、4% 4 种情况下,试件发生蠕变 2 h 后的轴向位移分布图,计算结果如图 5.6 所示。

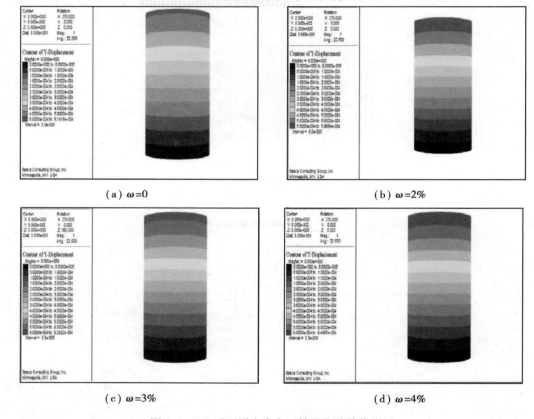

（a）$\omega=0$ （b）$\omega=2\%$

（c）$\omega=3\%$ （d）$\omega=4\%$

图 5.6　2 h 后不同含水率下轴向位移等值线图

根据图 5.6 所示,$\omega=0$ 时,试件的最大轴向位移为 0.517 mm;$\omega=2\%$ 时,试件的最大轴向位移为 0.590 mm;$\omega=3\%$ 时,试件的最大轴向位移为 0.629 mm;$\omega=4\%$ 时,试件的最大轴向位移为 0.648 mm。由此可得出,当含水率增加岩石的水损伤也会增大的规律,与实验得出的规律一致,证明本程序对分析岩石的水损伤特性的合理性。

3)塑性特性

对于塑性分析,可与 FLAC3D 自带的 CVISC 模型对比,计算模型:长 × 宽 × 高为

1 m×1 m×1 m 的立方体中间开直径为 0.4 m 的圆孔孔洞。左右边界施加水平位移约束,前后边界施加 Y 方向的位移约束,下底面节点施加 X、Y、Z 方向的固定约束,上顶端施加面荷载为 30 MPa。材料参数除采用上述参数还设定 $\tilde{\eta}_M$、C、ϕ,设置圆形孔洞的洞顶节点,设置不同时刻的沉降位移观测点。蠕变计算 12 h 后,两种计算模型计算得到的塑性区分布如图 5.7 所示。

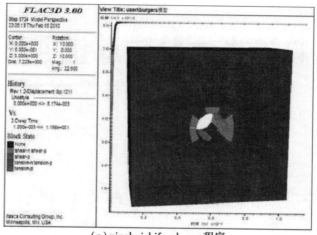

(a)ninghuizhifenshayan程序

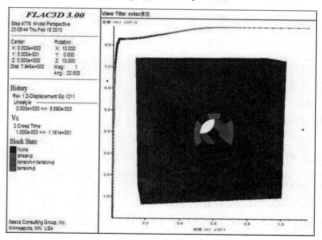

(b)Cvisc程序

图 5.7 12 h 后两种模型塑性区分布图

根据图 5.7 可以看出,采用两种模型的塑性区分布范围基本相似,主要集中在孔洞的周边一定范围之内。说明 ninghuizhifenshayan 程序在进行岩石塑性分析具有可靠度。采用两种模型计算的测点沉降计算曲线基本相似,都是经历衰减后进入稳定变形阶段。通过计算 ninghuizhifenshayan 程序算出的最大位移为 8.214 mm,而采用 Cvisc 模型算出的最大位移为 8.902 mm,两者存在差异,经分析是自定义模型中开关元件在计算中起的作用。

第6章
凝灰质粉砂岩大跨隧道施工技术研究

6.1　大跨隧道常规施工方法及适用性

　　工程地质、水文地质条件、断面尺寸、长度、衬砌类型、施工经验、技术水平等因素决定了大跨隧道的施工方法。在我国,开挖隧道的常用方法一般有全断面法、台阶法、环形开挖留核心土法、中隔壁法(CD法、CRD法)、侧壁导坑法等。当围岩地质较差,尤其是在复杂的山岭地质条件下大跨度隧道进洞时,需结合安全性与经济性,综合考虑不同的隧道施工方法。

6.1.1　台阶分部开挖法

　　台阶法大体有两大施工步骤:先开挖上台阶,并紧跟施做初期支护,待推进一定距离后(具体长度依据工程实际情况决定),再开始下台阶的开挖工作,两者同时推进(图6.1)。台阶法相对于双侧壁导坑等复杂施工方法而言,开挖工作空间大,机械使用率高,施工速度快,经济效益好,但是开挖过程中,不可避免地对上部和下部工作面会有一定的干扰;相对于全断面法开挖,台阶法开挖对围岩的扰动次数有所增加,但是围岩稳定性较好。

　　台阶法适用于Ⅰ~Ⅳ级围岩,尤其是在Ⅳ级围岩采用全断面开挖法时,围岩条件必须满足在全断面开挖初期至初衬具有维持自稳的能力。施工区段长度应长一些,这样可采用大型机械化施工,有较好的经济效益。同时,在一些断层带等自稳性较差的地层中,采用大管棚、注浆锚杆等辅助措施后,上部弧形开挖做初期支护,再左右错开开挖做周边初期支护,仰拱和下台级尽早闭合成环形,构成受力体系。这种方法适用于浅埋、大跨、软弱岩层的施工。

图 6.1　台阶法施工

6.1.2　双侧壁导坑法

双侧壁导坑法是在施工中先开挖左右两个导坑并添加侧壁支护,然后进行上部核心土开挖,最后施做下台阶部分(图 6.2)。该方法将断面分割,能够确保掌子面的稳定和隧道围岩压力的松弛范围。超前的侧壁导坑可以探明隧道前方地质情况,为后面核心土的顺利开挖作了保障。

双侧壁导坑法适用于复杂地质条件下(一般为Ⅳ级以上围岩)山岭隧道的情况,对于大跨浅埋隧道尤其是进洞段有良好的施工效果,施工质量高。但是,其施工过程相对复杂,限制了大型机械的进入,造成施工速度较慢,造价高。

图 6.2　双侧壁导坑法施工

6.1.3 中隔壁法(CD 法、CRD 法)

中隔壁法是在较为复杂的地质条件下,先依据地勘资料施做中隔壁,然后开挖中隔壁两边某一侧的上部围岩,完成对应的中隔板作业,然后依照某一顺序依次开挖,并向前推进。

CD 法是将大断面进行分割开挖,开挖断面相对较小,掌子面稳定。该方法施工难度低,施工速度较快,但由于中隔壁的存在,开挖操作面较小,大型机械无法进入。

CRD 法全称交叉中隔墙法,是一种适用于软弱地层的隧道施工方法,特别是对于控制地表沉陷有很好的效果,一般用于城市地下铁道施工中(图 6.3)。在山岭隧道中较少采用,但是在特殊情况下,也可以采用,其造价高。

图 6.3　交叉中隔壁法施工

6.2　大跨隧道的辅助施工方法

在大跨隧道中,各种复杂的工程地质条件下,再加上施工过程中的扰动,容易导致围岩失稳。为改善围岩的稳定性,需要采取一些辅助施工手段,保证隧道的安全施工和正常运行。常见的辅助措施有小导管法、管棚法、压缩空气法或气压室法、冻结法、顶盖法、预衬砌法等。这些超前支护方式的出现,很大程度上提高了围岩的稳定性,保证开挖的顺利进行。

1) 小导管法

小导管法是指沿隧道掌子面外轮廓,按照一定距离、一定角度打入小导管。小导管法有单独小导管和注浆小导管两种,注浆小导管即在管壁开孔,通过导管注浆。注浆小导管主要起到棚架梁和通过注浆加固岩体两个作用。小导管注浆法支护能力比单独小导管和锚杆强,施工较简单经济。小导管注浆可以加固岩体,将小导管、浆液、岩体连成一体,共同受力变形,很好地提高围岩的力学性能,减少地表沉降,且具有较好的防水能力。

2) 管棚法

管棚法是将打有孔的钢管沿掌子面外轮廓按照一定间距、倾角插入原先打好的孔中,再通过注浆机往管道内部注浆。其基本原理就在隧道开挖前将一个弧形的保护伞预先安放在掌子面周围,在开挖洞口时,管道远端和洞口套拱与管道组成受力结构,可以有效地承受上部岩体荷载,减小沉降和变形。通过管棚法超前支护后,对初期支护前的岩体稳定性起到了重要的作用,但是该方法施工耗时长,费用较高。

3) 压缩空气法或气压室法

在一些软弱地层或者地下多水的情况下,可以采用压缩空气法或气压室法。具体做法是将整个开挖洞段密封起来,由洞外进入气密室再进入洞内,向洞内加压,压缩内部空气,使得内部压强大于外部。以此来抑制地下水的流出,并对开挖面起支撑作用,减小地面沉降。该方法使用需要额外的设备,施工速度将降低,成本提高,是否采用该方法一般根据实际工程情况,作专业评估后决定。

4) 冻结法

冻结法是在隧道开挖之前,沿掌子面四周按照一定的间距打好冻结孔,将冻结管插入孔内,采用专门的制冷机械、液压系统或者注入冻结液体(如液态氮)。通过冻结孔对掌子面周围的地层进行制冷冻结,形成冻土。该方法可以提高抵抗周围岩土压力的能力,可以起到支撑的作用,也可作为阻水措施。经研究,冻结法在施工中具有其独有的一些优势:

①冻结法适用于各类复杂的水文地质条件,对不同的情况可以采取不同的冻土强度,适应性强,且可提高施工效率;

②相对于其他排水加固地层的方法来讲,冻结法加固能力强,抗渗性能好;

③冻结法都是采用机械制冷等冻结方式,对周围环境无污染,是一种环保的施工技术。

5) 顶盖法

顶盖法的具体做法是在隧道开挖前,从隧道设计拱顶正上方开挖明沟至拱顶,利用切入隧道开挖轮廓的泥土作为建造隧道顶盖的土模板,再浇筑混凝土拱后回填明沟。形成顶盖后,相当于提前为拱顶作了一次支护,在开挖时,结构必要的其他支护措施,可以有效地控制地面的沉降。该方法由于要开挖山体,对山体植被有一定破坏,且工程量较大。

6) 预衬砌法

预衬砌法又称为机械预切槽法,是在隧道前方掌子面开挖前,用预切槽机械沿掌子面轮廓切割出一条一定厚度的拱形槽,并立即用速凝混凝土填充到拱形槽内,形成一个拱壳结构。拱壳可以有效抵抗围岩压力,保证开挖掌子面的稳定性,可以降低地表沉降和塌陷的风险,进而保障施工人员安全,提供良好的施工环境。该方法适用于软岩、浅埋和地表沉降量要求高的工程中。除此,还有一类是只切槽,不填充混凝土的施工技术,一般适用于硬岩中。切槽后,采取爆破开挖岩体,可以有效控制超挖,同时切割分开后爆破过程中应力集中小,可减少爆破对围岩的影响。

6.3 分部导坑法施工技术

传统的施工方法已不能完全适应大跨小净距隧道施工的要求,特别是在进、出口段,地质条件复杂,围岩破碎、埋深浅。因此,对大跨小净距隧道的施工方法进行研究,对丰富我国公路隧道施工实践具有重要的工程意义和经济价值。基于此,以浙江省丽水市 50 省道莲都段改、扩建工程路湾隧道为工程背景,通过施工总结一套大跨小净距隧道洞口段施工的新技术,即分部导坑法,对分部导坑法基本原理及工艺流程进行了介绍,分析了分部导坑法施工力学效应,先后行洞的合理间距。此工法施工造价与双侧壁导坑法一致,但围岩变形相对较小,施工安全度高,可作为同等条件下大跨度隧道施工提供有益的参考和借鉴。

6.3.1 分部导坑法基本原理及工艺流程

隧道洞口段围岩多具有较深的风化卸荷带和崩塌堆积物,承载能力极低,围岩整体稳定性差。传统施工方法需大量刷坡而破坏原有边仰坡的自然平衡状态,导致边仰坡坍塌、顺层滑坡、古滑坡体复活等工程病害,从而影响工程进度。因此,目前提倡"零"开挖进洞的设计与施工理念,通常情况下,对大跨隧道洞口段都采用双侧壁导坑法,但由于坡积物不易形成稳定拱,易引起拱顶部位坍塌。

在路湾隧道的施工过程中,以岩体力学理论为基础,采用新奥法原理总结出分部导坑法施工方法,即将洞室开挖断面分成环形拱部、左(右)侧导坑、中部核心土 4 个部分。先拱部环形开挖支护,稳定拱部,环形拱部尺寸以方便施工操作为宜,一般高度为 2 m 左右。与环形拱部相隔一定距离后,左(右)导坑开挖支护,左(右)导坑宽度不宜超过断面最大跨度的1/3,形状应近于椭圆形断面;再用侧壁支护承担中间部分围岩的重力,使开挖工作面形成较好的稳定性,缩短开挖断面的初期支护闭合成环时间,确保施工安全,其适用范围主要是上部围岩比较松散、不能形成承载拱的区段。图 6.4 所示为分部导坑法开挖横断面示意图,图 6.5 所示为纵断面示意图,图 6.6 所示为开挖透视图,图 6.7 所示为施工工艺流程图。

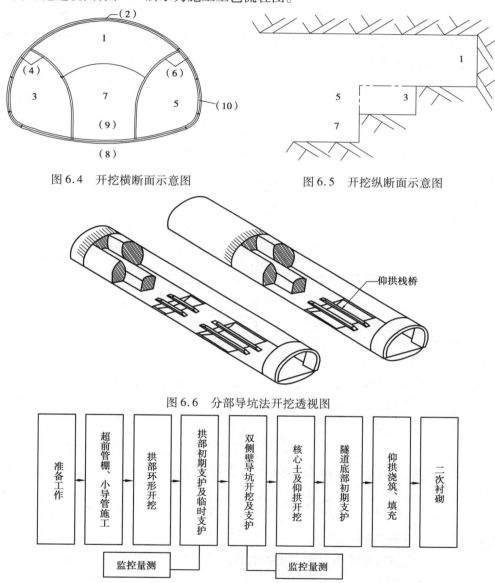

图 6.4　开挖横断面示意图　　　　　图 6.5　开挖纵断面示意图

图 6.6　分部导坑法开挖透视图

图 6.7　施工工艺流程

6.3.2　核心土临时支护稳定性分析

分部导坑法将大跨隧道分割为几个小跨导洞,增加了隧道的整体稳定性,可有效限制围岩变形,缩减扰动范围,特别是保证了拱顶稳定和限制了地表沉降。但导洞拱腰易出现塑性区,临时支护易出现失稳的情况,因此核心土临时支护的稳定性尤显重要。开挖导洞上台阶后,临时支护脚部一般未进行如挖槽、混凝土垫层等处理,水平方向会产生一定位移,并考虑基底摩擦力对水平位移的约束,建立导洞上台阶开挖时核心土临时支护力学计算简化模型,如图6.8所示。图中,A 为临时支护曲线与铅垂线的切点,当左右导洞开挖完成后,核心土临时支护、钢拱架和仰拱用钢板焊接后用螺栓连接。临时支护结构可简化为三铰拱,其计算长度小,临界荷载大。当支护强度足够时,可确保其自身稳定。

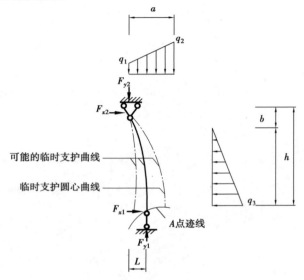

图6.8 导洞上台阶开挖后核心土临时支护计算简图

上台阶临时支护简化计算模型满足力学平衡条件:

$$\begin{cases} F_{y1} - F_{y2} - \dfrac{1}{2}a(q_1 + q_2) = 0 \\[2mm] F_{x1} + F_{x2} - \dfrac{1}{2}q_3(h - b) = 0 \\[2mm] F_{y1}l + F_{x1}h - \dfrac{1}{6}a^2(q_1 + 2q_2) - \dfrac{1}{6}q_3(h - b)(2h + b) = 0 \end{cases} \quad (6.1)$$

式中　F_{x1}——导洞腰部水平约束力;

　　　　F_{y1}——导洞腰部围岩对临时支护的竖向约束力;

　　　　a——竖向围岩压力影响范围;

　　　　F_{x2},F_{y2}——临时支护与初期支护联结处的水平和竖向约束力;

　　　　q_1,q_2——竖向围岩压力;

　　　　q_3——水平向土侧压力;

　　　　h——导洞上台阶开挖高度;

　　　　l——A,B 两点的水平投影距离;

b——拱部环形导洞的开挖高度。

假设围岩在开挖过程未受扰动,摩擦系数为 μ,则

$$F_{x1} = \mu F_{1y} \tag{6.2}$$

将式(6.2)代入式(6.1),得

$$\begin{cases} F_{y1} = F_{y2} + \dfrac{1}{a}a(q_1 + q_2) \\[2mm] F_{x2} = \dfrac{1}{2}q_3(h - b) - F_{x1} \\[2mm] F_{y1} = \dfrac{a^2(q_1 + 2q_2) + q_3(h - b)(2h + b)}{6(l + \mu h)} \end{cases} \tag{6.3}$$

当改变临时支护的曲率时,a、l 的长度也在改变;当开挖高度在 A 点轨迹以上时,$a = l$(若 $a > l$,上台阶开挖高度过大,失去了分台阶开挖的意义,因此 $a > l$ 的情况实际工程中并不采用),则可得

$$F_{y1} = \dfrac{l^2(q_1 + 2q_2) + q_3(h - b)(2h + b)}{6(l + \mu h)} \tag{6.4}$$

为分析临时支护曲率变化对支护内力的影响,由 F_{y1} 对 l 求导得:

$$\dfrac{\partial F_{y1}}{\partial l} = \dfrac{(q_1 + 2q_2)(\mu h l - 2l^2) - 3q_3(h - b)(2h + b)}{18(l + \mu h)^2} \tag{6.5}$$

对其求二阶导数得:

$$\dfrac{\partial^2 F_{y1}}{\partial l^2} = \begin{bmatrix} (\mu h - 4l)(q_1 + 2q_2)(l + \mu h)^2 - \\ 2(q_1 + 2q_2)(l^2 + \mu h)(l + \mu h) + \\ 6l^2(l + \mu h)(q_1 + 2q_2) + \\ 6q_3(l + \mu h)(h - b)(2h + b) \end{bmatrix} / 18(l + \mu h)^4 \tag{6.6}$$

在大跨隧道施工中,导洞高度与核心土宽度一般取 $h \geqslant 2l$,环形导洞高度 b 一般取 2 m 左右,其他参数对于某一具体工程是已知的。当二阶导数大于零时,导洞腰部围岩对临时支护的竖向约束力函数为凹函数,F_{y1} 取得最小值;当二阶导数不具单调性,则可分析式(6.5)的单调性来确定临时支护的曲率。因此,临时支护的曲率与围岩级别、环形导洞开挖高度、偏压情况等有关。但曲率过大,会影响核心土局部稳定性并增加施工的复杂程度,应综合考虑曲率与支护内力的关系,合理确定临时支护的曲率。一般以不超过对应侧初期支护曲率为宜。

6.3.3　分部导坑法施工关键技术

(1)准备工作

施工前,首先做好图纸会审及技术交底工作,同时做好现场洞口场地平整、设备材料等准备工作。测放隧道的中心线及边线,对明暗交界段绘制若干横断面图,根据

山体边坡线与隧道的平面关系,确定护拱位置。

（2）超前管棚、小导管施工

①管棚施工前,先进行 2 m 套拱施工。套拱内埋设 5 榀 I18 工字钢,并将管棚导向管 ϕ127 mm×4 mm 孔口管焊接精确固定在 I18 工字钢上。导向管与隧道纵坡成 5°~10°夹角,以防管棚钻孔时由于钻杆自重下沉而侵入隧道开挖断面内,从而妨碍隧道的开挖施工,护拱混凝土浇筑好后对孔口管进行编号（图 6.9）。

图 6.9　管棚施工

②管棚采用热轧无缝钢管,直径 108 mm,壁厚 6 mm,节长 3 m、6 m,管距 40 cm,均匀布孔。倾角平行于路线纵坡,方向平行于路线中线,钢管施工误差径向不大于 20 cm。

③管棚采用履带式 SKM130 中风压钻车,钻孔前场地平整,精确定孔位,在钻进过程中不发生偏移和倾斜。钻孔交替进行,每钻完一孔立即顶进钢管。管内全长设排气管,并伸出管口,钢管与孔口处间隙封堵密实,保证注浆时浆液不溢出。

④安装好钢管后,采用 GZJB 型双液注浆机,浆液由 TBW250/15 型混浆机拌制。注浆材料:双液注浆。水泥浆与水玻璃体积比为 1:0.5,水泥浆水灰比为 1:1,水玻璃度 40 波美度,水玻璃模数为 2.4。初压 0.5~1.0 MPa,终压 2.5 MPa,持压 15 min 后停止注浆;注浆量应满足设计的要求,若注浆量超限,未达到压力要求时,应调整浆液浓度继续注浆,确保钻孔周围岩体与钢管周围孔隙充填饱满。注浆时先灌注"单"号孔,再灌注"双"号孔;当压力达到 2.5 MPa 后稳压 10 min 后,且进浆比重和出浆比重相同时方可停止注浆。注浆时,要有专人进行注浆记录表的填写,实际记录注浆每 5 min 的吃浆量。

⑤在进洞口掌子面先精确定位安装一榀钢拱架,在钢拱架外沿线按设计文件要求在隧道拱部 130°范围内施作超前小导管（图 6.10）。小导管采用 YT-28 型风钻开

孔,开孔直径为 50 mm,并用吹管将砂石吹出(风压 0.5~0.6 MPa),钻孔深度不小于设计孔深;小导管前端做成尖锥形,尾部焊接 ϕ8 mm 钢筋加劲箍,管壁上每隔 30 cm 梅花型钻眼,眼孔直径为 ϕ8 mm,尾部长度 100 cm 作为不钻孔的止浆段;成孔后,报检验孔,合格后将小导管按设计要求用带冲击的 YT-28 风钻将小导管顶入孔中,外露 10~20 cm,以便安装止浆软管,在注浆完成后将小导管与钢架焊接共同组成预支护体系。

图 6.10　超前小导管施工

(3)拱部环形开挖

　　针对地质条件较差的 Ⅴ 级围岩,因为围岩稳定性较差,施工中应遵循"管超前、严注浆、短开挖、强支护、勤量测、早封闭"的基本原则。Ⅴ 级围岩应先超前支护后开挖,洞口段预支护采用"管棚 + 注浆";洞身其他段采用"小导管 + 注浆"预支护;采用人工辅助挖掘机开挖,直接用装载机运至洞外,用自卸车运走。每开挖循环进尺为 1.0 m,由测量人员控制方向和高程,并放出开挖轮廓线。左、右侧导坑开挖半径为 6.252 m,剩余部分为拱部开挖宽度。施工时,沿开挖轮廓线开挖,开挖面应尽可能圆顺,以减少应力集中,严格按施工规范控制超欠挖。开挖完成后,应及时进行初期支护。

　　拱部环形开挖示意如图 6.11 所示。

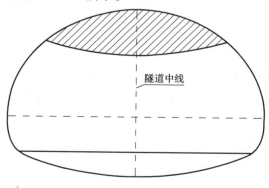

图 6.11　拱部环形开挖示意图

（4）拱部初期支护及临时支护

①开挖后立即进行初喷,以便尽早封闭围岩暴露面。初喷前应对受喷岩面进行清理,清理完成后先喷射 4~6 cm 厚混凝土封闭岩面。

②初喷混凝土后,及时安装 I 18 钢架,间距 50 cm,采用锁脚锚杆和连接钢筋固定(图 6.12)。锁脚锚杆采用 4 m 长、直径为 22 mm 的砂浆锚杆,纵向采用间距为 75 cm 的 φ22 钢筋焊接牢固,使拱架连成整体。

图 6.12　拱部锚杆施工

③钢筋网片直接架设在钢拱架上,并与钢拱架及锚杆连接牢固。采用 A8 定型钢筋 20 cm×20 cm 焊接网,搭接长度为 20 cm。

④系统锚杆钻进应先在岩面上画出需施工安装的锚杆孔点位,采用 YT28 型风钻直接钻入,连接 GZJB 型注浆泵及配套的注浆接头进行注浆,风压控制在 0.4~0.6 MPa。钻到设计位置后清孔,避免堵塞注浆孔,注浆时压力控制在 1~1.5 MPa。锚杆纵横间距为 0.5 m×1.0 m,长度 4.0 m,呈梅花型布置。系统锚杆应垂直岩面打入,其尾部与钢拱架焊接牢固。注浆材料采用纯水泥浆,水泥浆浓度 0.5:1.5~1:1.5,注浆压力 0.6~1.0 MPa。注浆过程中,初始注浆压力要保持在 0.3 MPa;当达到设计压力 1.0 MPa,排气口出浆后,方可停止注浆,用止浆软管封闭孔口。

⑤系统锚杆施工后,对初喷岩面进行清理复喷至设计厚度。拱架背后必须喷实,不得有空洞。

⑥按设计及规范要求并结合现场实际情况,埋设监控量测观测点,及时掌握施工过程中出现的各种情况,对可能出现的事故进行防范,防止事故的发生,为后期拆除临时支撑提供准确的量测数据。

⑦拱部临时支撑采用间隔一榀设置一道 I 22 工字钢,纵向间距为 1.0 m 的扇形

强支撑。将扇形支撑底部虚渣清理干净并用混凝土找平,再用 I22 工字钢焊接成整体,扇形支撑中间再用 ϕ22 钢筋连接。拱部开挖支护循环 10 m 后,暂停掌子面施工。

(5)左、右导坑开挖及支护

左、右导坑开挖示意如图 6.13 所示。

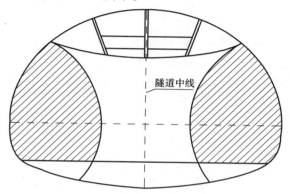

图 6.13 左、右导坑开挖示意图

①待拱部开挖支护完成后,并落后拱部掌子面 10 m,进行一侧导坑超前小导管施工。

②超前小导管施工完成后,进行一侧导坑开挖、初期支护和临时支护。侧壁初期支护钢拱架应与拱部钢拱架连接牢固,侧壁导坑初期支护施工方法与拱部相同。

③在先施工一侧导坑开挖 5~8 m 后,进行另一侧导坑开挖(图 6.14)、初期支护和临时支护。

图 6.14 导坑施工

④埋设监控量测观测点,及时掌握施工过程中出现的各种情况,对可能出现的事故进行防范,防止事故的发生,为后期拆除临时支撑提供准确的量测数据。

⑤在两侧导坑开挖、初期支护和临时支护施工完成后,根据监控量测数据,确定拱部稳定后,拆除拱部临时支撑。

⑥在拆除拱部临时支撑后,拱部、双侧壁导坑施工循环进行。

（6）核心土及仰拱开挖

核心土及仰拱开挖示意如图6.15所示。

①根据量测资料,确定双侧壁稳定后,拆除双侧壁临时支护。拆除过程中,两侧壁应错开,防止因应力突变引起初期支护变形。

②拆除双侧壁临时支护后,进行核心土开挖及仰拱开挖。

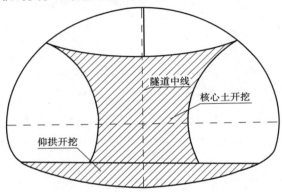

图6.15　核心土及仰拱开挖示意图

（7）隧道底部初期支护

①开挖后立即进行初喷,以便尽早封闭围岩暴露面,喷射混凝土厚度根据设计图纸要求进行。

②按设计要求架设钢拱架,与侧壁钢拱架连接,使整体钢拱架封闭成环。

（8）仰拱浇筑、填充

①按设计图纸要求铺设仰拱钢筋,再进行仰拱混凝土浇筑。

②按设计图纸要求铺设排水管后,再进行仰拱填充浇筑。

（9）二次衬砌

①二次衬砌施工应在围岩与初期支护变形基本稳定,位移收敛已明显减缓,所产生的各项位移量已满足设计要求后进行。为保证二次衬砌混凝土质量,模板采用9 m液压整体移动式钢模板台车,台车模板上均匀分布12个附着式振动器（图6.16）。混凝土在洞外拌和站集中拌制,9 m³混凝土罐车运输,输送泵泵送入模。浇筑前必须左右对称,以防止台车位移和模板变形,并应连续完成一模混凝土浇筑。振动方式采用插入式振捣器配合附着式振捣器振捣。

②拆模时间:不承重结构在二次衬砌混凝土强度达到2.5 MPa时即可拆模,承重结构在二次衬砌混凝土强度达到设计强度70%时可拆模。

③二次衬砌混凝土在拆模后,安排专人定期进行洒水养护。

图6.16　二次衬砌施工

6.4　洞口塌滑段处治方案

滑塌位于低山丘陵区陡坡地带,地表自然坡30°~40°,残坡积体厚度1~8 m。残坡积体主要由含黏性土碎石夹块石组成,结构松散,易沿强风化基岩面滑动,孔隙率大,极利于降雨渗入补给;下伏强风化基岩面坡度较陡,为30°~40°,垂直节理较发育,裂隙面平直、光滑、张开,有泥质充填,裂隙发育。

2012年2~3月,浙江省丽水市遭遇了长时间连续强降水,且右洞开挖支护后的注浆加固改变了局部地带地下水的径流方向,使得地下水往左洞地带汇集。岩土体吸水后处于饱和状态,地下水位较高,孔隙水压力较大,岩土体抗剪强度急剧降低;同时,受F14断层破碎带影响,下伏岩层岩体强度进一步降低;加上地表自然坡及土石分界面坡度均较陡。在左洞明洞开挖后产生临空面及洞口段暗洞开挖后,产生一定沉降变形量的情况下,由下部的变形开裂牵引上部岩土体沿下伏强风化岩面产生变形滑动,进而形成大面积滑塌(图6.17)。

图6.17　滑塌全景

6.4.1 滑塌处理方案

根据本滑塌体特征及理论分析成果,结合《50 省道莲都段改建工程路湾隧道左线滑塌段处理方案审查会专家组意见》,对本段滑塌体处理设计采用支护桩 + 明洞接长方案。具体措施如下:

①对现状滑塌体坡面上部进行局部修坡(坡率 1∶1.25)清理,前期对下部虚渣体坡面采用 $\phi42$ mm 小导管注浆(长 4.5 m,间距 2.0 m×2.0 m) + $\phi8$ 钢筋焊接网(20 cm×20 cm) + 10 cm 厚 C20 混凝土表面加固。隧道开挖完成后,可凿除混凝土表层,同时喷 8 cm 厚基材绿化防护。

②对左洞明洞适当延长至 K4 +040(明洞加长 17 m),以利于通过回填反压,增强滑塌体及洞口段整体长期稳定,接长后采用半明洞式洞门形式。

③结合现场实际情况,为有效利用原护拱基础,暗洞进洞桩号定为 K4 +071。在 K4 +056 ~ K4 +074 段两侧布置支护桩共计 14 根,采用 $\phi160$ cm 钻孔灌注桩,间距为 2 m、3 m、4 m,桩长为 17.2 m、20 m。支护桩纵向采用 160 cm×100 cm 的钢筋混凝土圈梁相连。设 3 道支撑,第一道支撑为 100 cm×100 cm 的钢筋混凝土横撑,同时两横撑间设置 60 cm×60 cm 的钢筋混凝土斜撑,斜撑倾角 45°;第二、三道支撑为 $\phi609$ mm ×16 mm 钢管撑。

④桩间土体采用 $\phi42$ 小导管注浆(长 4.5 m,间距 1.5 m×1.5 m) + $\phi8$ 钢筋焊接网(20 cm×20 cm) + 10 cm 厚 C20 喷射混凝土进行支护,随挖随支,钢筋网两端应加强与灌注桩的连接。对距暗洞洞口一定范围内(K4 +071 ~ K4 +080)地表采用 $\phi42$ 小导管注浆加固(长 4.5 m,间距 1.0 m×1.0 m),以确保安全进洞。

⑤桩间范围内明洞顶设置 1 m 高片石混凝土回填,最后考虑整体覆土回填并绿化。

⑥坡顶外 5 m 设置截水沟。仰坡坡面布置泄水孔,采用 $\phi60$ 双壁打孔波纹管,外包无纺土工布,倾角 5°,长度 6 m,间距 3.0 m×3.0 m。

⑦K4 +071 ~ K4 +095 暗挖段加强支护。

⑧由于目前右洞仰坡局部出裂缝,且残坡积层较厚,为确保右洞洞口段整体长期稳定及左右洞间滑塌体的稳定,将右洞明洞适当延长至 K4 +009(明洞由原来的 5 m加长为 14 m),以利于对右洞洞口段边仰坡进行回填反压。接长后洞门形式采用半明洞式,以利于洞口美观及左右侧对称。

本方案总体施工工序为:钻孔灌注桩、顶部支撑及仰坡滑塌体加固→护拱施作、管棚打设→明洞开挖及衬砌浇筑→明洞顶回填反压→暗洞进洞开挖及支护。

6.4.2　施工注意事项

（1）隧道支护桩明挖段开挖

①隧道支护桩明挖段必须在钻孔灌注桩、冠梁混凝土和支撑达到设计强度方可开挖。

②土方开挖的顺序、方法必须与设计工况一致,并遵循"开槽支撑、先撑后挖、分层开挖、严禁超挖"的原则。支护桩段开挖时,必须分段、分区、分层、对称进行,不得超挖,严禁在一个工况条件下一挖到底。离隧道滑塌体段顶边线 30 m 内严禁堆载。

③明挖段施工前,应做好如下工作:

a. 左侧支护桩背后的回填土高度不低于桩顶;

b. 部分滑塌体的加固;

c. 滑塌面设置泄水孔;

d. 隧道滑塌体段顶部设置截水沟;

e. 地表裂缝处应予封堵,注意排走地势低洼处的集水,防止地表水流入隧道滑塌体段内和冲刷边坡;

f. 坡脚设置排水沟,及时排除渗水;

g. 如在雨季施工,必须准备足够的抽水设备,做到雨水能及时排除。

④依次向下开挖并及时施工围檩和钢支撑,支撑设置前开挖面距钢支撑底高度不应大于 0.5 m。

⑤向下开挖至明洞仰拱底并验底后,尽快浇筑隧道仰拱,并进行仰拱填充,以形成对支护桩底部的有效支撑。

⑥由外向内纵向分段顺作法浇筑明洞拱墙混凝土,未浇筑明洞拱墙结构的地段不应拆除钢支撑。

⑦开挖及浇筑明洞衬砌期间,严禁施工机具碰损支撑系统。

⑧支护桩段开挖过程中,应及时施工桩间小导管防护,并设置泄水孔对桩内渗漏水进行引排。

（2）支撑系统

①支撑应随挖随撑,避免因支撑不及时造成围护结构过大的变形。钢支撑须按规定施加一定的预加力,确保围护结构的变形在设计允许的范围内。待钢支撑架设完毕后,应检查支撑的稳定性,确认安全后方可继续开挖施工。

②钢支撑围檩与支护桩及桩间防护结构间应密贴,钢支撑必须有复加预应力的装置。当昼夜温差过大导致支撑预应力损失达到 20% 时,立即在当天低温时复加预应力至初始值,或下道支撑设置后需对其上所有支撑复加预应力。

③架设钢支撑时要小心谨慎,严格按设计要求加工制作和安装。支撑头安装时

必须确保承压板与支撑轴线垂直,使支撑轴向受力,避免支撑失稳。支撑系统作为支护结构的重要组成部分,必须严格按设计要求施工。

④施工中应采取有效的连接措施,确保在支撑轴力消失时支撑不下掉。施工中应采取有效措施,确保在支撑轴力减少时可复加预加轴力。

（3）钻孔灌注桩

①施工前应做好场地的平整工作,检验所选的设备、施工工艺以及技术要求是否适宜。

②桩位偏差、轴线和垂直轴线方向均不应大于 50 mm,垂直度偏差不宜大于0.5%。

③钢筋笼的制作偏差应符合下列规定:主筋间距为 ±10 mm;箍筋间距为 ±20 mm;钢筋笼直径为 ±10 mm;钢筋笼长度为 ±100 mm。

④对于钻孔灌注的检测按有关规范进行。

⑤钻孔桩成孔过程中应经常提取渣土,并根据现场施工实际情况与地质勘察资料进行核对,若有变化应立即通知监理、设计单位调整处理,以确保安全。

6.4.3　施工监测

施工监测是暗挖隧道及支护结构段动态设计、信息化施工得以实现的依托。施工中,根据由施工现场和监测结果反馈的信息,对暗挖隧道及支护结构段的设计做出调整。暗挖段的施工监测按本隧道施工图相关要求进行。支护桩段主要包括如下监测项目:

①临近地面的沉降。如发现有地面开裂、沉陷等情况,应立即通知有关单位人员进行研究、处理。

②支护结构的水平位移与沉降。当其水平位移超过 50 mm 或位移变化速率超过3 mm/天或支护结构出现迅速发展的裂缝时,应加强支撑或采取其他的有效措施。

③钢支撑设计轴力为 320 kN,预加轴力为 160 kN,应避免超载失稳,轴力发生突变。达到设计轴力的 80% 时应预警,达到设计轴力时应报警。

④地表、附近的裂缝观测,确保隧道滑塌体段安全和稳定。

施工时应对监测数据及时汇总、整理并反馈相关单位。施工过程中,如发现有异常情况应立即通知主管单位,并及时采取对应措施。观测资料及分析成果要列入竣工资料,以供交验。

6.4.4　应急预案项目及抢险措施

①施工单位在施工组织设计中应制定应急预案,出现险情应根据应急预案采取果断措施,确保隧道滑塌体段安全。

②支护结构质量是隧道滑塌体段安全的保证。根据桩及支撑可能出现的质量缺陷,对影响隧道滑塌体段安全的质量问题,施工单位应制定相应的质量缺陷防范措施及其应急预案。

③内支撑体系是支护结构主要组成部分。施工中要采取措施,确保支撑、围檩位置准确,施加预加轴力符合要求。施工中不得碰损支撑、立柱、围檩及连接处。

第7章
大跨凝灰质粉砂岩隧道施工力学行为

7.1 大跨偏压小净距隧道三维网络模型及参数确定

根据隧道实际情况,采用二维数值模拟手段分析隧道施工阶段的力学行为,在一定程度上可以满足计算要求精度,但是对于三维计算模型而言,平面应变模型有其本身的不足。其不足之处在于:二维数值模拟采用平面应变方法处理,而开挖作业面附近围岩的应力状态属于空间问题,与平面应变问题在受力上有一定差异。而路湾隧道浅埋、偏压段也是隧道的洞口段。洞口段受力是一个三维问题,三维数值模拟才能将时间和空间效应较真实地再现出来,将围岩和支护随施工过程的变化以及纵向力学效应模拟出来。因此,本文采用三维数值模拟对路湾隧道浅埋、偏压段进行分析。

7.1.1 计算区域及模型建立

为保证计算的可靠性,消除边界效应的影响,三维计算模型的边界范围如下:下边界取为隧道有效高(宽)度的 3 倍以上,左、右侧边界距离为洞跨的 5 倍距离以上,上边界取至地表面。计算中模型除地表不采取约束外,其他边界均施加法向位移约束。本次模拟隧道跨度为 13.8 m,三维计算模型左右边界间距取 173 m,大于 5 倍洞径;纵向前后边界间距取 185 m,上边界取至地表。建立的三维模型如图 7.1 所示,分部导坑法的开挖空间形态如图 7.2 所示。模型采用扫略网格和自由划分网格相结合的方法,共有 223 702 个节点,541 440 个单元。本构模型采用 D-P 准则,双侧壁导坑法的开挖顺序如图 7.3 所示,分部导坑法的开挖顺序如图 7.4 所示。

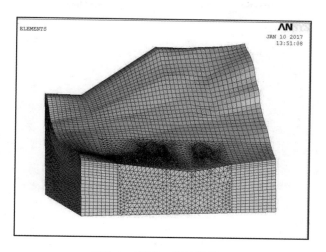

图 7.1　隧道三维计算模型

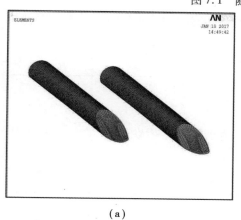

（a）

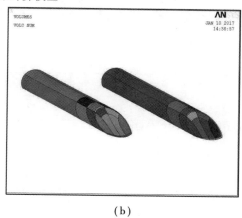

（b）

图 7.2　分步导坑开挖空间形态图

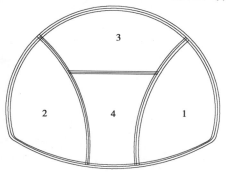

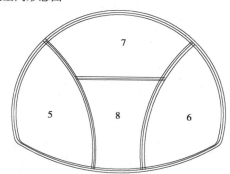

图 7.3　双侧壁导坑法模拟开挖顺序

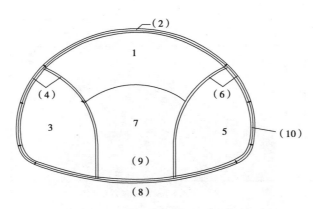

图 7.4　分部导坑法模拟开挖顺序

7.1.2　参数确定

材料参数的选取直接影响模拟精度,参数的选取参照地勘报告、室内试验及《公路隧道设计规范》(JJG D70/2—2014)的建议指标综合选取,材料选用参数表如表 7.1 所示。

表 7.1　模型物理力学参数

材料参数	密度/(kg·m⁻³)	弹性模量/GPa	泊松比	黏聚力/MPa	摩擦角/(°)
V 级	1 800	2	0.3	0.5	24
IV 级	2 200	5	0.3	0.5	35
III 级	2 400	15	0.25	1.2	45
初期支护	2 500	21	0.2	—	—

7.2　大跨偏压小净距隧道分部导坑法合理开挖顺序

7.2.1　合理开挖顺序模拟方案

当采用分部导坑法施工,必然需要确定浅埋隧道和深埋隧道的先后施工顺序以及各个隧道靠近中夹岩和远离中夹岩的导坑开挖顺序。根据前人的研究和力学分析,本文左洞处于浅埋侧,右洞处于深埋侧,应先开挖浅埋侧隧道即左洞。至于左洞和右洞的导坑的施工顺序如何,本文进行数值模拟。模拟方案如图 7.5 ~ 图 7.8 所示。

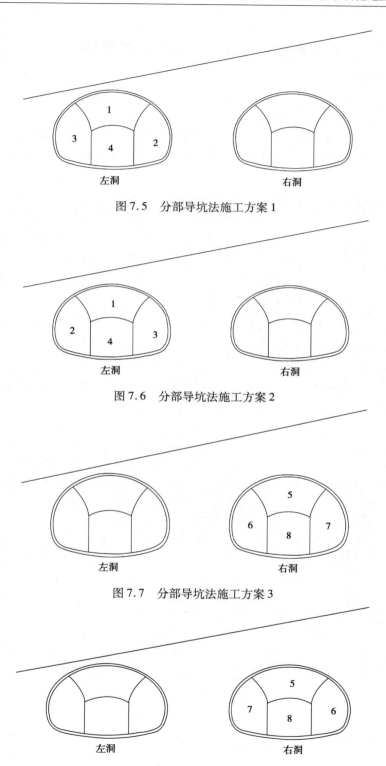

图 7.5　分部导坑法施工方案 1

图 7.6　分部导坑法施工方案 2

图 7.7　分部导坑法施工方案 3

图 7.8　分部导坑法施工方案 4

7.2.2 靠近中夹岩侧壁导坑和远离中夹岩侧壁导坑施工顺序分析

(1)方案 1 和方案 2 对比

本文运用 FLAC3D 对上述 4 种施工方案进行数值模拟,分别比较方案 1 和方案 2 开挖第 2、3、4 步时围岩的竖向位移云图,其模拟结果如图 7.9 ~ 图 7.14 所示。两方案竖向最大位移值比较见表 7.2。

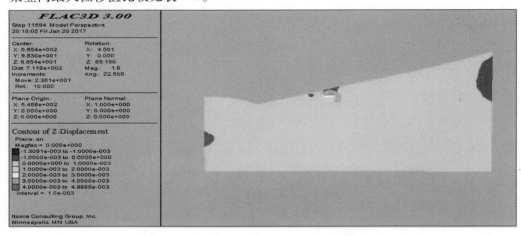

图 7.9　方案 1 开挖第 2 步时,围岩的竖向位移云图

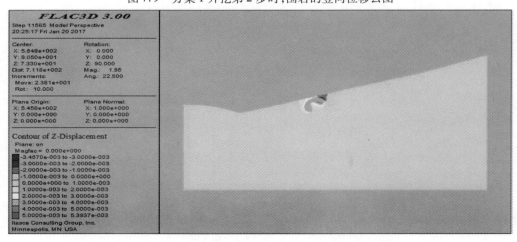

图 7.10　方案 2 开挖第 2 步时,围岩的竖向位移云图

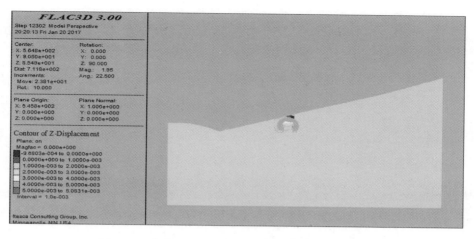

图 7.11　方案 1 开挖第 3 步时，围岩的竖向位移云图

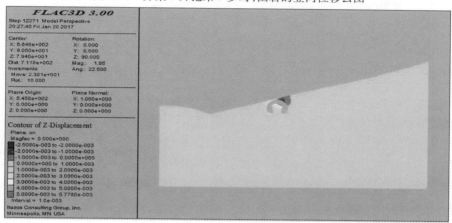

图 7.12　方案 2 开挖第 3 步时，围岩的竖向位移云图

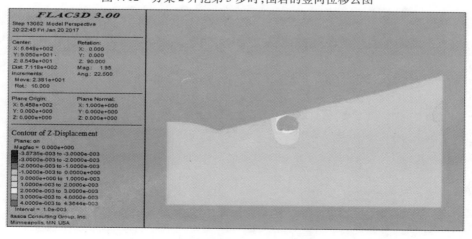

图 7.13　方案 1 开挖第 4 步时，围岩的竖向位移云图

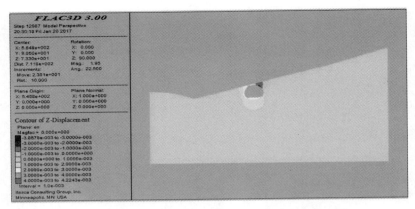

图 7.14　方案 2 开挖第 4 步时,围岩的竖向位移云图

表 7.2　方案 1 和方案 2 竖向最大位移值比较

方　案	第 2 步开挖围岩最大竖向位移/mm	第 3 步开挖围岩最大竖向位移/mm	第 4 步开挖围岩最大竖向位移/mm
方案 1	1.309 1	1.000	3.573 5
方案 2	3.467 0	2.508	3.857 9

从数值模拟结果来看,先开挖的浅埋隧道即左洞,不论是先开挖靠近中夹岩侧导洞还是先开挖远离中夹岩侧导洞,围岩竖向位移分部规律基本相似。但从最大围岩沉降值和围岩竖向位移分部面积来看,先开挖靠近中夹岩侧导洞相对于先开挖远离中夹岩侧导洞好。由于左洞模拟开挖段地表土薄,土压力小,故拱顶沉降值均较小。施工时应注意,拱顶深埋侧为围岩竖向位移较大分部区,应加强防护。

(2)方案 3 和方案 4 对比

方案 3 和方案 4 开挖第 6、7、8 步时,围岩竖向位移云图如图 7.15 ~ 图 7.20 所示。两方案竖向最大位移值比较见表 7.3。

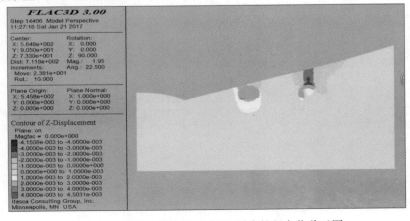

图 7.15　方案 3 开挖第 6 步时,围岩的竖向位移云图

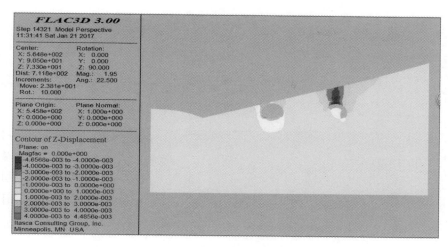

图 7.16　方案 4 开挖第 6 步时,围岩的竖向位移云图

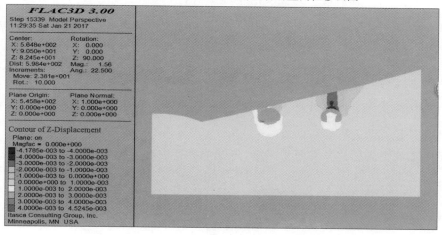

图 7.17　方案 3 开挖第 7 步时,围岩的竖向位移云图

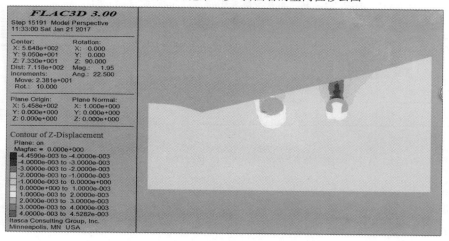

图 7.18　方案 4 开挖第 7 步时,围岩的竖向位移云图

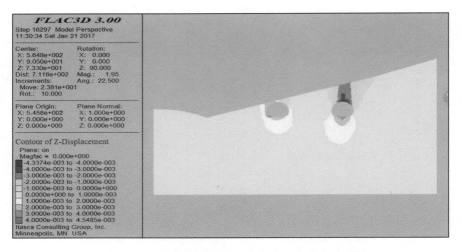

图 7.19　方案 3 开挖第 8 步时,围岩的竖向位移云图

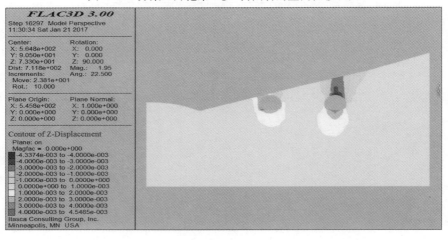

图 7.20　方案 4 开挖第 8 步时,围岩的竖向位移云图

表 7.3　方案 3 和方案 4 竖向最大位移值比较

方　　案	第 6 步开挖围岩最大竖向位移/mm	第 7 步开挖围岩最大竖向位移/mm	第 8 步开挖围岩最大竖向位移/mm
方案 3	4.150 8	4.178 5	4.337 4
方案 4	4.656 8	4.459 0	4.503 0

　　从数值模拟结果来看,后开挖的深埋隧道即右洞,不论是先开挖靠近中夹岩侧导洞还是先开挖远离中夹岩侧导洞,围岩竖向位移分部规律基本相似。但从最大围岩沉降值和围岩竖向位移分布面积来看,先开挖靠近中夹岩侧导洞相对于先开挖远离中夹岩侧导洞好。路湾隧道左、右洞进口有前后距离,为直观地与方案 1 和 2 对比,右洞模拟开挖掌子面与方案 1、方案 2 在同一水平面上。由于此时右洞已经入Ⅲ级围

岩,故拱顶沉降值均较小,但相互之间也有一定关系。

综上所述,对于大跨偏压小净距隧道采用分部导坑开挖时,合理的开挖顺序应该是:深埋侧和浅埋侧隧道比较,应优选先开挖浅埋侧隧道。隧道的导洞开挖顺序,不论是深埋隧道还是浅埋隧道,考虑拱顶沉降,应优先开挖靠近中夹岩侧导洞。其施工顺序如图 7.21 所示。

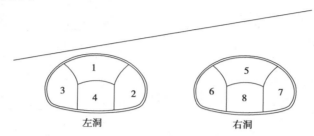

图 7.21　大跨偏压小净距隧道分部导坑开挖法合理开挖顺序示意图

7.3　大跨偏压小净距隧道先后行洞的合理施工间距

7.3.1　合理施工间距数值模拟方案

小净距隧道由于相邻两隧道之间开挖会产生相互影响,并且造成中夹岩柱的多次扰动。如果先后行洞施工间距太近,会严重影响中夹岩柱的稳定性,太远又会延长工期。本文采用与路湾隧道相同断面和中夹岩柱距离为模型,中夹岩柱厚为 21.6 m,分析分部导坑法开挖的合理施工间距。隧道断面为 13.8 m,取开挖面距离为工况一 7 m(0.5B);工况二:14 m(1.0B);工况三:21 m(1.5B);工况四:28 m(2.0B)共 4 种工况进行数值模拟。隧道模型如图 7.22、图 7.23 所示。

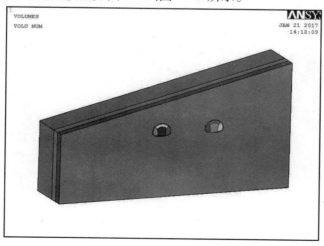

图 7.22　整体模型

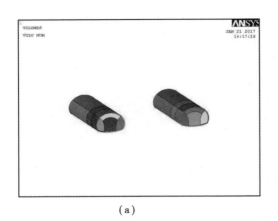
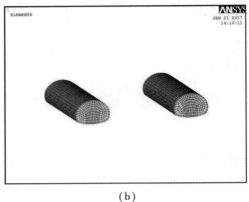

（a）　　　　　　　　　　　　　（b）

图 7.23　隧道模型

7.3.2　中夹岩柱应力分析

本文模拟分析 4 种工况下，右洞开挖 2 m 后，距离右洞掌子面 0.1 m 平面的水平应力分布云图。分别比较不同开挖间距，右洞开挖第 6、7、8 步时，中夹岩柱的水平应力分布云图。其模拟结果如图 7.24~图 7.26 所示。

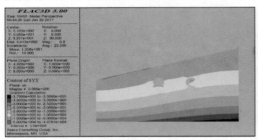

（a）工况一

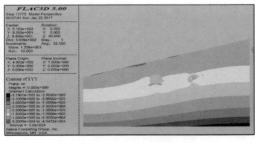

（c）工况三

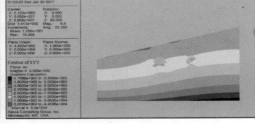

（b）工况二

（d）工况四

图 7.24　4 种工况下，右洞开挖第 6 步时，平面水平应力分布云图

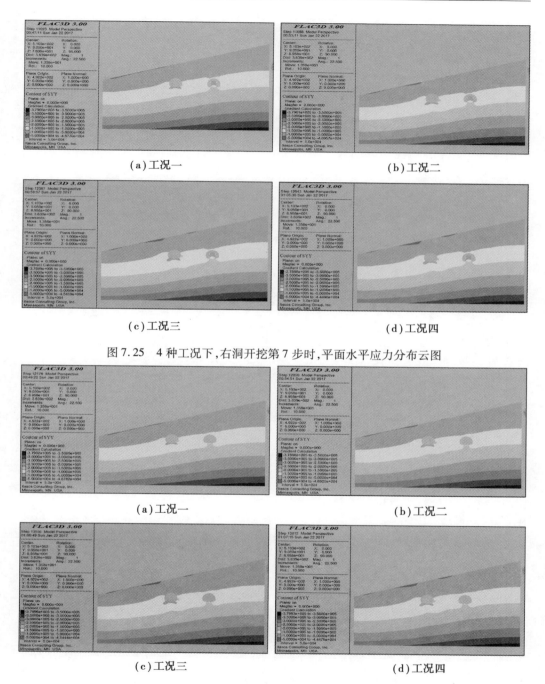

（a）工况一　　　　　　　　　　　（b）工况二

（c）工况三　　　　　　　　　　　（d）工况四

图 7.25　4 种工况下，右洞开挖第 7 步时，平面水平应力分布云图

（a）工况一　　　　　　　　　　　（b）工况二

（c）工况三　　　　　　　　　　　（d）工况四

图 7.26　4 种工况下，右洞开挖第 8 步时，平面水平应力分布云图

7.3.3　中夹岩柱位移场分析

本文模拟分析 4 种工况下，右洞开挖 2 m 后，距离右洞掌子面 0.1 m 平面的水平

位移分布云图。分别比较了不同开挖间距,右洞开挖第6、7、8步时中夹岩柱的水平位移分布云图。其模拟结果如图7.27~图7.29所示。不同间距、不同开挖步中夹岩柱最大水平位移如表7.4所示。

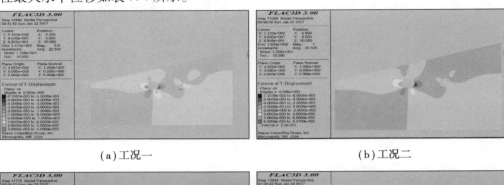

<table>
<tr><td>（a）工况一</td><td>（b）工况二</td></tr>
</table>

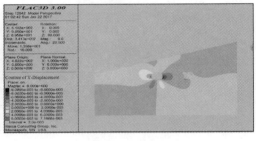

（c）工况三　　　　　　　　　　　　　　　（d）工况四

图7.27　4种工况下,右洞开挖第6步时,平面水平位移分布云图

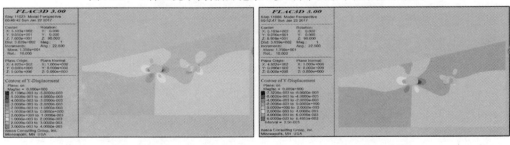

（a）工况一　　　　　　　　　　　　　　　（b）工况二

（c）工况三　　　　　　　　　　　　　　　（d）工况四

图7.28　4种工况下,右洞开挖第7步时,平面水平位移分布云图

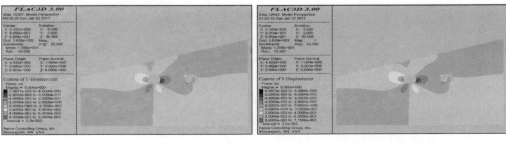

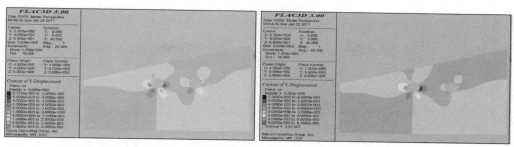

(a) 工况一　　　　　　　　　　　　　　(b) 工况二

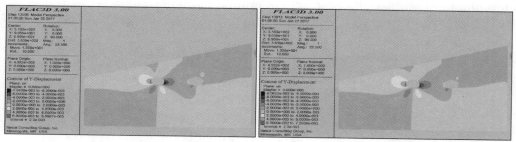

(c) 工况三　　　　　　　　　　　　　　(d) 工况四

图 7.29　4 种工况下,右洞开挖第 8 步时,平面水平位移分布云图

表 7.4　不同间距、不同开挖步中夹岩柱最大水平位移对照表

项　目	开挖第 6 步				开挖第 7 步				开挖第 8 步			
	间距 7 m	间距 14 m	间距 21 m	间距 28 m	间距 7 m	间距 14 m	间距 21 m	间距 28 m	间距 7 m	间距 14 m	间距 21 m	间距 28 m
中夹岩柱最大水平位移/mm	5.158 7	7.333 9	7.973 2	8.088 5	5.139 6	7.323 8	7.962 1	8.081 3	5.114 4	7.304 0	7.943 9	8.062 2
中夹岩柱最大水平位移增加值/mm	5.158 7	2.175 2	0.639 3	0.115 3	5.139 6	2.184 2	0.638 3	0.119 2	5.114 4	2.189 6	0.639 9	0.118 3

根据图 7.24～图 7.29 及表 7.4 不难发现:由于小净距隧道相邻左、右隧道间距小,相邻隧道的开挖会持续对中夹岩产生扰动,导致中间岩最大水平位移和水平应力持续增加。但随着左、右隧道开挖掌子面间距的增加,开挖相同长度的隧道对围岩的扰动会越来越小。通过表 7.4 不难发现,当相邻隧道开挖间距为两倍洞跨时,新开挖段对围岩的扰动最小,达到 0.11 mm 级,此时围岩的水平位移趋于稳定也最安全。考虑实际施工经济问题,当开挖间距为 1.5 倍洞垮时,中夹岩柱新增水平位移不是最小,但新增值在 1 mm 内,较小,属于可控范围内;中夹岩水平应力最大值不变,水平应

力分布面积几乎和两倍洞垮时相同。综合考虑中夹岩稳定性和施工经济性,分部导坑法施工时,左右隧道开挖掌子面间距控制在 1.5 倍洞垮最宜。

7.4 分部导坑法与双侧壁导坑法施工效应比较

通常,V 级围岩的施工采用双侧壁导坑法。根据前人的研究结果,大跨偏压小净距隧道采用双侧壁导坑法,是最优施工方案,如图 7.3 所示。根据本文前面的研究结果,分部导坑法在大跨偏压小净距隧道施工中的最优施工顺序如图 7.21 所示。故本文采用两种方法的最优方案,针对同一 V 级围岩状态下,左右隧道分别开挖 2 m,选取距离掌子面 0.1 m 平面的位移和应力云图进行比较。模拟的模型如图 7.30 所示。

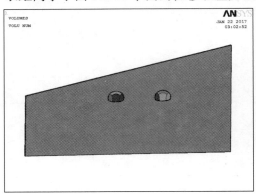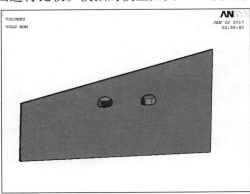

(a)分部导坑法模型　　　　　　　　　(b)双侧壁法模型

图 7.30　两种施工方案模型图

7.4.1 不同方法的应力分析

对两种方案的水平应力对比模拟如图 7.31～图 7.34 所示。

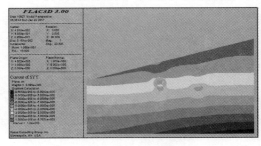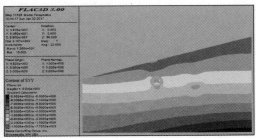

(a)分部导坑法　　　　　　　　　(b)双侧壁导坑法

图 7.31　施工第 3 步时平面水平应力云图

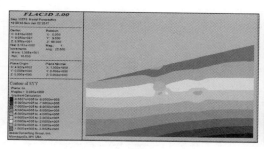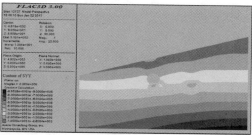

(a) 分部导坑法　　　　　　　　　　　(b) 双侧壁导坑法

图 7.32　施工第 4 步时平面水平应力云图

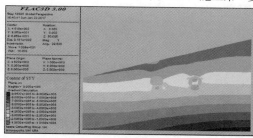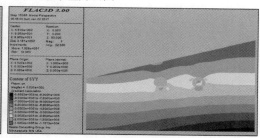

(a) 分部导坑法　　　　　　　　　　　(b) 双侧壁导坑法

图 7.33　施工第 7 步时平面水平应力云图

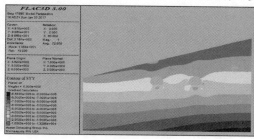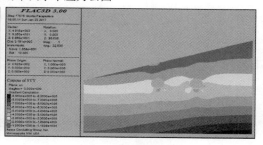

(a) 分部导坑法　　　　　　　　　　　(b) 双侧壁导坑法

图 7.34　施工第 8 步时平面水平应力云图

7.4.2　不同方法的位移分析

不同施工方法第 3、4、7、8 步时竖向位移云图对比如图 7.35 ~ 图 7.38 所示。

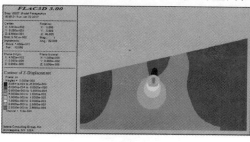

(a) 分部导坑法　　　　　　　　　　　(b) 双侧壁导坑法

图 7.35　施工第 3 步时平面竖向位移云图

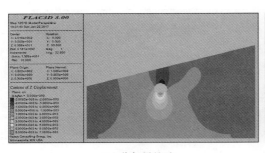 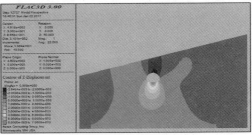

（a）分部导坑法　　　　　　　　　　　（b）双侧壁导坑法

图 7.36　施工第 4 步时平面竖向位移云图

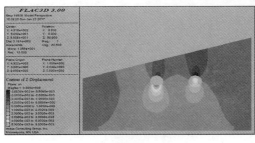 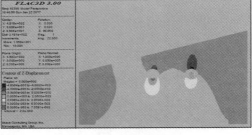

（a）分部导坑法　　　　　　　　　　　（b）双侧壁导坑法

图 7.37　施工第 7 步时平面竖向位移云图

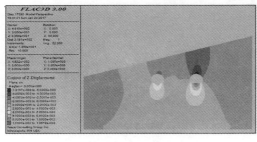 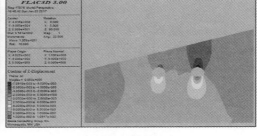

（a）分部导坑法　　　　　　　　　　　（b）双侧壁导坑法

图 7.38　施工第 8 步时平面竖向位移云图

不同施工方法第 3、4、7、8 步时水平位移云图对比如图 7.39～图 7.42 所示。

（a）分部导坑法　　　　　　　　　　　（b）双侧壁导坑法

图 7.39　施工第 3 步时平面水平位移云图

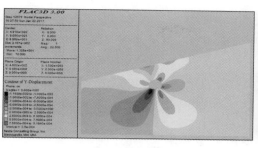
（a）分部导坑法

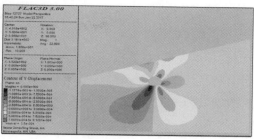
（b）双侧壁导坑法

图7.40 施工第4步时平面水平位移云图

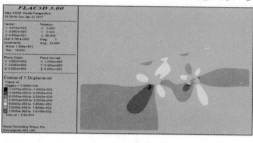
（a）分部导坑法

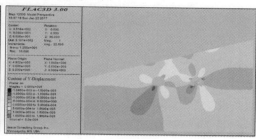
（b）双侧壁导坑法

图7.41 施工第7步时平面水平位移云图

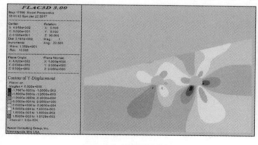
（a）分部导坑法

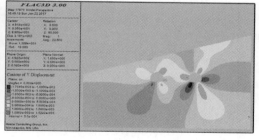
（b）双侧壁导坑法

图7.42 施工第8步时平面水平位移云图

根据图7.35～图7.42可得两种施工方法同平面最大竖向和水平位移,见表7.5。

表7.5 两种施工方法同平面最大竖向和水平位移对照表

施工方法	竖向最大负（正）位移/mm				水平方向最大负（正）位移/mm			
	第3步	第4步	第7步	第8步	第3步	第4步	第7步	第8步
双侧壁导坑法	−1.19 (3.33)	−2.65 (7.00)	−4.66 (7.06)	−7.08 (10.92)	−1.02 (0.80)	−1.18 (0.92)	−1.59 (1.97)	−1.78 (1.52)
分部导坑法	−0.89 (2.67)	−2.61 (7.00)	−3.85 (6.00)	−7.01 (10.91)	−0.98 (0.71)	−1.16 (0.91)	−1.33 (1.61)	−1.76 (1.51)

由于本文隧道上方山体模型很小,隧道和山体的材料参数选取应以实际为准,故本文采用两种施工方法模拟的结果位移和应力值均小。但从前述的应力和位移云图比较,不难发现,双侧壁施工法和分部导坑施工法施工中,围岩危险部位基本相似。分部导坑法在竖向位移、水平位移、水平应力都较双侧壁施工法好,故分部导坑法在 V 级围岩的施工中更优。

7.5 分部导坑法施工方案优化及效果分析

7.5.1 扁平率优化

(1)优化方案

对于大跨偏压隧道,合理的隧道断面扁平率将会提高隧道的空间利用率,满足隧道的受力状态,增强隧道周边围岩的稳定性。根据前人的研究结果和工程实际,对于三车道大跨偏压浅埋隧道的扁平率一般为 0.6~0.7。本文采用与路湾隧道相同的隧道宽度 13.8 m,分别采用 8.28 m、8.556 m、8.832 m、9.108 m、9.384 m、9.66 m 6 种开挖高度,来模拟隧道扁平率为 0.60、0.62、0.64、0.66、0.68、0.70 时围岩的变形情况。分析方案断面如图 7.43 所示。

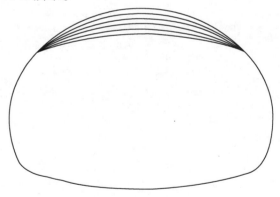

图 7.43　6 种扁平率隧道断面图

本次模拟围岩采用 V 级围岩,围岩参数见表 7.1,围岩范围围同图 7.4 所示模型。分别比较不同扁平率下的拱顶沉降、围岩水平收敛值、塑性区面积和开挖面积 4 种主要控制目标。

(2)模拟结果及分析

不同扁平率下,围岩的竖向位移、水平位移及塑性区分布模拟结果如图 7.44~图 7.46 所示。

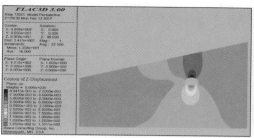
（a）扁平率为0.60

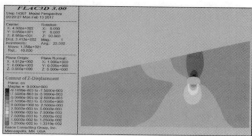
（b）扁平率为0.62

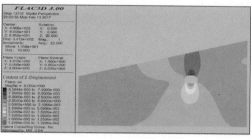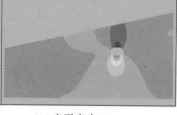
（c）扁平率为0.64

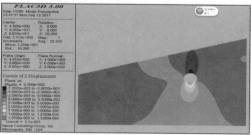
（d）扁平率为0.66

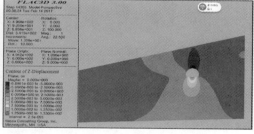
（e）扁平率为0.68

（f）扁平率为0.70

图 7.44　不同扁平率下的围岩竖向位移

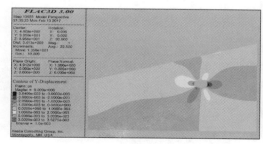
（a）扁平率为0.60

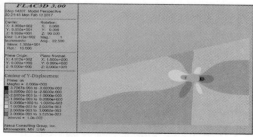
（b）扁平率为0.62

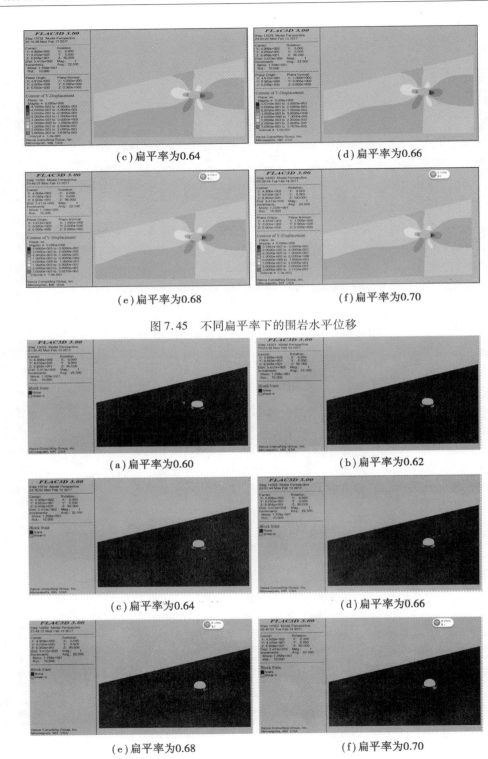

（c）扁平率为0.64　　　　　　　　　（d）扁平率为0.66

（e）扁平率为0.68　　　　　　　　　（f）扁平率为0.70

图7.45　不同扁平率下的围岩水平位移

（a）扁平率为0.60　　　　　　　　　（b）扁平率为0.62

（c）扁平率为0.64　　　　　　　　　（d）扁平率为0.66

（e）扁平率为0.68　　　　　　　　　（f）扁平率为0.70

图7.46　不同扁平率下的围岩塑性区分布

根据图 7.44~图 7.46 可得不同扁平率下的隧道开挖控制值,见表 7.6。

表 7.6　不同扁平率下的隧道开挖控制值

扁平率	开挖面积/m²	围岩水平收敛值/mm	拱顶最大竖向位移/mm	塑性区面积/m²
0.60	97.245	9.947	7.369	16.775
0.62	99.097	9.181	7.252	19.231
0.64	101.355	8.588	7.810	21.035
0.66	103.457	8.080	7.698	17.249
0.68	105.598	7.359	7.322	10.068
0.70	107.783	6.886	7.301	16.208

根据各项指标对围岩稳定性的影响程度和前人的研究结果,本文将控制值中的围岩水平收敛值、拱顶最大竖向位移、围岩塑性区面积分别赋予 0.239、0.35、0.411 的权系数。将上述各模拟值乘以相应的权系数后,最后围岩危险指数按扁平率从小到大的顺序是:0.68 < 0.70 < 0.66 < 0.60 < 0.62 < 0.64。故综合考虑围岩稳定性和经济性因素后,大跨偏压隧道的扁平率取 0.68 为最宜。

7.5.2　临时支护曲率优化

《公路隧道施工技术规范》(JTG F60—2009)第 6.2.5 条第 2 条规定,双侧壁导坑法导坑形状应近于椭圆形断面,导坑跨度宜为整个隧道跨度的 1/3。由于分部导坑法在断面分布上和双侧壁导坑法相似,综合考虑围岩稳定性和施工方便性,本文的分部导坑法中的左右导坑跨度取为隧道跨度 1/3 左右,通过改变临时支护的曲率进行优化。本文分别模拟临时支护半径为:7 m、8 m、9 m、10 m、11 m 5 种情况下的隧道开挖情况。根据前文的研究结果,中间核心土上台阶的开挖高度定为 2m,以方便施工员施工操作。模拟方案如图 7.47 所示。

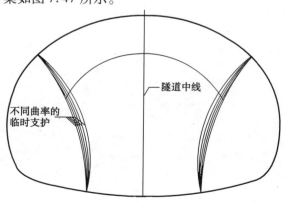

隧道中线

不同曲率的
临时支护

图 7.47　不同曲率临时支护方案图

本次模拟隧道取路湾隧道同跨度即 13.8 m,隧道扁平率取 0.68。隧道围岩参数和围岩范围见表 7.1。

(1)竖向位移比较

不同曲率临时支护隧道开挖竖向位移模拟结果如图 7.48、图 7.49 所示。

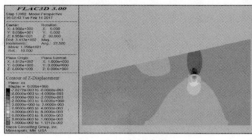

（a）支护半径7 m　　　　　　　　　　（b）支护半径8 m

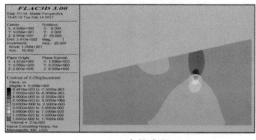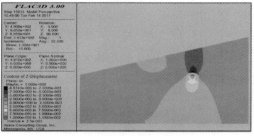

（c）支护半径9 m　　　　　　　　　　（d）支护半径10 m

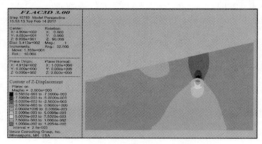

（e）支护半径11 m

图 7.48　不同曲率临时支护隧道开挖第 3 步竖向位移图

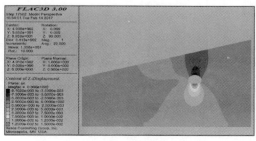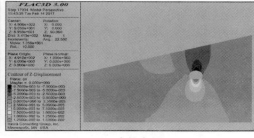

（a）支护半径7 m　　　　　　　　　　（b）支护半径8 m

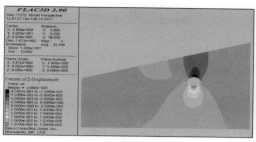
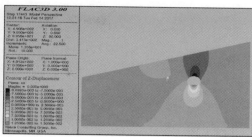

（c）支护半径9 m　　　　　　　　　　　（d）支护半径10 m

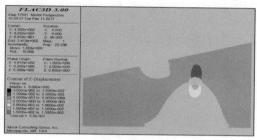

（e）支护半径11 m

图 7.49　不同曲率临时支护隧道开挖第 4 步竖向位移图

（2）水平位移比较

不同曲率临时支护隧道开挖水平位移模拟结果如图 7.50、图 7.51 所示。

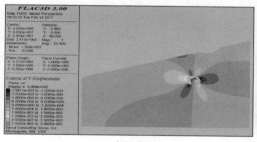
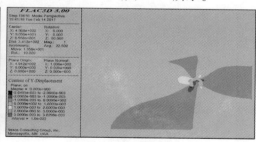

（a）支护半径7 m　　　　　　　　　　　（b）支护半径8 m

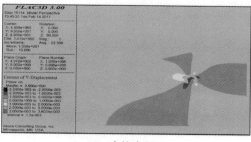
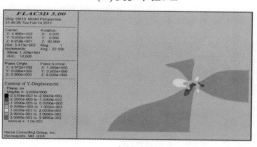

（c）支护半径9 m　　　　　　　　　　　（d）支护半径10 m

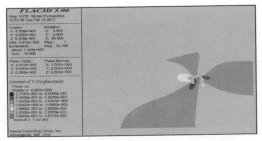

（e）支护半径11 m

图7.50　不同曲率临时支护隧道开挖第3步水平位移图

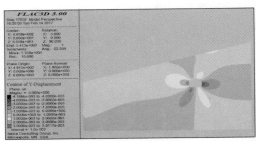

（a）支护半径7 m

（b）支护半径8 m

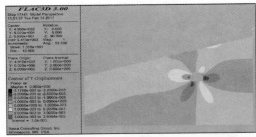

（c）支护半径9 m

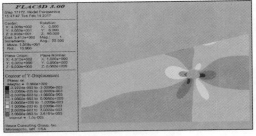

（d）支护半径10 m

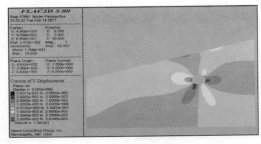

（e）支护半径11 m

图7.51　不同曲率临时支护隧道开挖第4步水平位移图

（3）塑性区比较

不同曲率临时支护隧道开挖塑性区模拟结果如图7.52、图7.53所示。

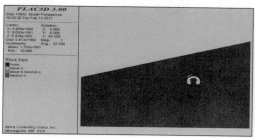
（a）支护半径7 m

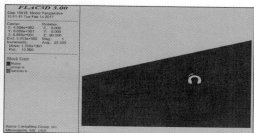
（b）支护半径8 m

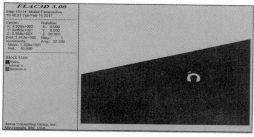
（c）支护半径9 m

（d）支护半径10 m

（e）支护半径11 m

图 7.52　不同曲率临时支护隧道开挖第 3 步塑性区分布图

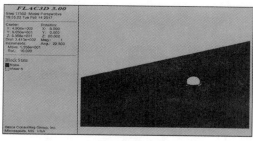
（a）支护半径7 m

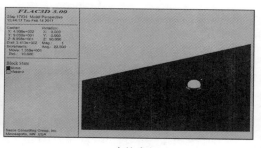
（b）支护半径8 m

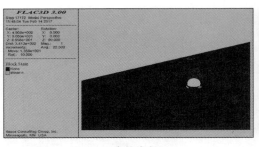 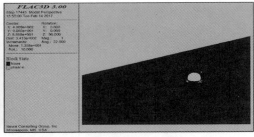

（c）支护半径9 m　　　　　　　　　（d）支护半径10 m

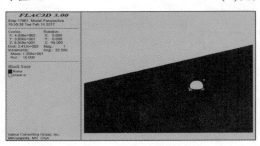

（e）支护半径11 m

图7.53　不同曲率临时支护隧道开挖第4步塑性区分布图

根据图7.48～图7.53的模拟结果可得不同曲率临时支护隧道开挖控制值,如表7.7所示。

表7.7　不同曲率临时支护隧道开挖控制值

临时支护半径/m	隧道开挖第3步			隧道开挖第4步		
	拱顶竖向位移/mm	最大水平位移/mm	塑性区面积/m²	拱顶竖向位移/mm	隧道水平收敛值/mm	塑性区面积/m²
7	7.827	3.000	10.339	9.102	8.061	6.407
8	8.499	3.630	8.859	9.767	7.203	13.373
9	8.482	3.803	8.209	9.589	6.841	9.169
10	8.874	3.981	14.882	9.699	6.82	11.475
11	9.586	3.674	1.938	10.301	7.095	14.472

根据各项指标对围岩稳定性的影响程度和前人的研究结果,本文将控制值中的围岩水平收敛值、拱顶最大竖向位移、围岩塑性区面积分别赋予0.239、0.35、0.411的权系数。各模拟值乘以相应的权系数后,围岩危险指数按临时支护半径从小到大的顺序是:

①开挖第3步时,11 m < 9 m < 8 m < 7 m < 10 m;

②开挖第4步时,7 m < 9 m < 10 m < 8 m < 11 m。

故综合考虑围岩稳定性和经济性因素后,大跨偏压隧道采用分部导坑法施工时,临时支护的曲率取0.111,即本文中曲率半径9 m为最宜。

第8章
大跨凝灰质粉砂岩隧道支护结构力学特性现场试验

8.1 工程概况

8.1.1 路湾隧道主体工程设计概况

路湾隧道位于浙江省丽水市50省道莲都段改建工程第4合同段内。路湾隧道为分离式隧道,左右线间距约32 m,主要技术标准为城市Ⅱ级公路,设计速度为60 km/h,隧道净宽14.5 m,净高5.0 m。

原设计左洞起讫桩号 ZK4+057~ZK4+703,长646 m(其中明洞28 m,暗洞618 m),进洞口段明洞长14 m;左洞隧道Ⅲ级围岩长460 m,Ⅳ级围岩长112 m,Ⅴ级围岩长46 m,明洞长28 m;左洞纵坡采用双向坡,坡度2.4%,坡长636.62 m,坡度-2.6%,坡长9.38 m;洞内路面面层为沥青混凝土,下部为24 cm厚C40连续配筋水泥混凝土,横向设2%的单向坡。

右洞起讫桩号 YK4+018~YK4+717,长699 m(其中明洞19 m,暗洞680 m),进洞口段明洞长5 m;右洞隧道Ⅲ级围岩长495 m,Ⅳ级围岩长113 m,Ⅴ级围岩长72 m,明洞长19 m。

隧道建筑限界如图8.1所示,除高程外,其余尺寸以cm计。净宽:0.75 m(右侧检修道)+0.5 m(左侧侧向宽度)+3×3.50 m(行车道)+1.08 m(右侧侧向宽度)+2.19 m(右侧检修道)=15.02 m;净高:5.00 m。

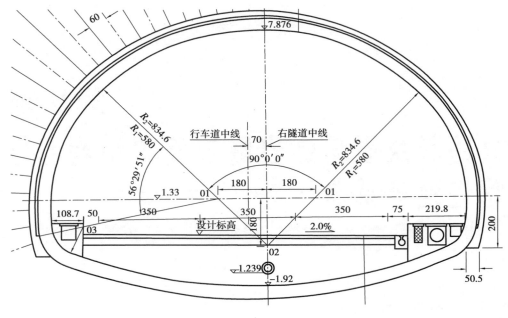

图 8.1　隧道建筑界限

8.1.2　路湾隧道工程地质概况

（1）地形地貌

路湾隧道位于丽水市区西部,路线呈东西走向,属于浙南低山丘陵地貌,地形起伏大,地面标高 60～170 m,相对高差小于 200 m,进出洞口段地形坡度为 30°～40°。洞口区地表植被发育,主要为果园,有杉木、杂木等经济林,隧道穿越地形如图 8.2 所示。

（2）地层岩性

根据地表工程地质调绘及钻孔揭露,进洞口段地层简单,岩性比较单一,上部为第四系残坡积层,下部为塘上组凝灰质粉砂岩夹砂砾岩。残坡积层为含黏性土碎石夹块石、含碎石粉质黏土,厚 1～5 m 不等,局部达 8 m 以上,易形成滑塌体;凝灰质粉砂岩呈中厚层状构造,砂砾岩呈薄～中层状构造,层理产状与地形关系为内倾,地层倾向与滑塌主滑方向夹角为 38°;岩层风化较强,强风化岩厚 0～13.5 m,下部为中风化基岩,强～中风化岩面埋深 1～8 m。隧道分别穿越中～微风化凝灰质粉砂岩夹砂砾岩、微风化凝灰质粉砂岩、微风化凝灰质粉砂岩及角砾凝灰岩接触带。出洞口地表基岩裸露,岩石风化较弱,隧道穿越强～微风化岩,其中强风化岩厚 2～3 m,呈碎石状;中～微风化岩质地坚硬。

（3）地质构造

隧址距北丽水-余姚深大断裂 5 km 左右,一般性断层仅发现有北东向断层 F14

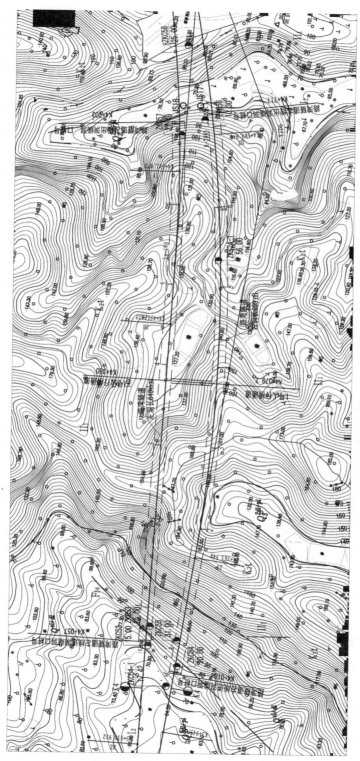

图8.2　路湾隧道平面地形图

分布于路湾隧道进洞口段,由数条平行走向的小断层组成;原岩为粉砂岩,带内岩石破碎,节理发育,并见断层泥及断层角砾,该断层对路湾隧道进洞口段围岩影响较大。受区域构造影响,岩石节理发育,节理普遍光滑、平直,延伸长,呈张开状,普遍有 2～3 cm厚泥质充填,为软弱结构面。

(4)地震

据《中国地震动参数区划图》(GB 18306—2001),隧址区地震动峰值加速度小于0.05 g(相当于地震基本烈度小于Ⅵ度区),属于震级小,烈度低的相对稳定区。

(5)水文地质条件

地下水类型有第四系松散岩类孔隙水和基岩裂隙水两大类。

第四系松散岩类孔隙水含水层由残坡积土层组成,倾斜分布,属潜水,无统一地下水位,主要由下部强～中风化岩控制,受降水补给;运移受地形控制,主要在基岩面附近由山脊向沟谷运动,以泉、渗流等形成排泄。

基岩裂隙水由层间裂隙水和风化构造裂隙水组成,含水层主要由强～中等风化岩组成,水位埋深 1～9 m;受降水及孔隙潜水补给,由山脊向沟谷运移,局部受裂隙、层理影响。排泄方向主要沿层面进行,左洞向右洞方向,隧道开挖后集中向洞内排泄。

(6)气候

浙江省丽水市属中亚热带季风气候,四季分明,温暖湿润,雨量充沛,无霜期长,具有明显的山地立体气候。年平均气温 18.3～11.5 ℃,平均年日照 1 712～1 825 h,无霜期 180～280 天,年均降水 1 400～2 275 mm。海拔 400 m 以下地带,入春在 3 月中、下旬,入夏在 5 月底至 6 月上旬,入秋在 9 月中旬后期至下旬前期,入冬在 11 月下旬至 12 月初。春季 72～88 天,夏季 102～116 天,秋季 63～69 天,冬季 105～124 天。海拔每升高 100 m,平均入春推迟 2～3 天,入夏推迟 3～4 天,入秋提早 3～4 天,入冬提早2～3 天;春季延长 1 天左右,夏季缩短 7～9 天,秋季延长 2 天左右,冬季延长 4～6 天。

春季:天气变化快,温度起伏大,多阴雨、冰雹和大风天气。夏季:初夏梅雨期,雨量集中,暴雨次数多,常造成洪涝灾害;盛夏除偶有台风影响到局部雷阵雨外,以晴朗炎热天气为主,日照强,气温高,蒸发快,常有伏旱。秋季:秋雨期短,多秋高气爽天气,常有秋旱。冬季:西北季风盛行,寒冷干燥,北方寒潮南下,多霜冻和冰雪天气。

8.2　现场试验方案

8.2.1　现场测试内容

现场测试是在隧道施工过程中,对围岩及支护系统的稳定状态进行监测,为围岩级别变更、初期支护和二次衬砌的参数调整提供依据,是确保隧道施工安全、指导施工程序、便利施工管理的重要手段。对于采用新奥法施工的隧道,现场测试是新奥法施工过程中必不可少的程序。

依据《公路隧道施工技术规范》(JTG F60—2009),结合《50 省道莲都段城北路连接线拼宽工程路湾隧道两阶段施工图设计文件》,本项目的隧道动态监控量测工作内容包括日常观察、变形观测、应力监测和地质超前预报 4 个方面,总共分 10 个监测项目,具体内容如表 8.1 所示。

表 8.1　隧道监测项目一览表

编号	监测项目	仪器设备	要求及目的	量测类别
1	洞内围岩观察及地质素描	地质罗盘数码相机	岩性、岩层产状、结构面、溶洞、断层描述,支护结构裂缝观察	必测
2	周边位移	收敛计	根据位移、收敛状况、断面变形状态等判断:开挖后周边岩体的稳定性,初期支护的设计与施工方法是否合理,二次衬砌的浇筑时间等	
3	拱顶下沉	高精度全站仪或水准仪	根据断面拱顶沉降状态判断拱顶稳定性	
4	地表沉降	高精度全站仪或水准仪	从地表设点观测,根据下沉位移量判断开挖对地表下沉的影响,以确定隧道支护结构。根据边坡变形量判定边坡开挖对边坡的影响,以确定围岩加固、隧道支护结构	
5	锚杆轴力	钢筋计、锚杆链接杆、测频仪	根据锚杆所承受的拉力,判断锚杆布置是否合理;了解围岩内部应力的分布情况	选测
6	围岩压力	压力盒、测频仪	判断复合式衬砌中围岩的支护效果,了解支护的实际承载情况及分担围岩压力的情况	
7	钢拱架应力	钢筋计、测频仪	量测钢拱架应力,推断作用在钢拱架上的压力大小,判断钢拱架尺寸、间距及设置钢拱架的必要性	
8	喷混凝土应力	混凝土应变计、测频仪	了解初期支护对围岩的支护效果,了解初期支护的实际承载情况及分担围岩压力情况	
9	围岩内部位移	多点位移计	通过测定围岩内部不同深度围岩的位移变化,建立其位移深度时间的关系曲线。判断:开挖后围岩的松动区,强度下降区和弹性区范围,锚杆长度的适宜性,对相邻隧道施工的影响	
10	地质超前预报	地质雷达或 TGP	采用仪器和地质数学方法,对隧道围岩级别变化、不良地质做出预测;根据预测的结果优化方案并指导施工,有效地控制灾害	超前预报

8.2.2 试验测试监测方法及检测频率

1）洞内日常观察

在隧道工程中,开挖前的地质勘探工作很难提供非常准确的地质资料。为及时了解施工过程中掌子面附近的围岩状态,通过地质罗盘、地质锤、放大镜、钢卷尺、秒表、数码相机等仪器,在隧道开挖工作面爆破后及初期支护后立即进行洞内日常观察,为及时分析判断隧道的稳定性提供基本资料,根据初期支护表面状态,分析支护结构的可靠性。

（1）围岩级别鉴定

①判定岩石种类;

②描述岩性特征,包括颜色、成分和结构;

③确定围岩分级。

（2）围岩工程和水文地质特征描述

①节理裂隙特征和发育程度;

②断层或破碎带的性质、产状和特征;

③地下水类型、涌水量和位置。

（3）围岩稳定状态观察、评价

①描绘和描述开挖工作面的稳定状态、顶板有无剥落现象;

②观察地表沉陷和地表水体的变化。

（4）初期支护状态表观描述

①初期支护完成后,对喷层表面的观察以及裂缝状况的描述和记录;

②有无锚杆被拉脱或垫板陷入围岩内部的现象;

③喷射混凝土是否产生裂隙或剥离,要特别注意喷射混凝土是否发生剪切破坏;

④有无锚杆和喷射混凝土施工质量问题;

⑤钢拱架有无被压曲现象;

⑥是否有底鼓现象。

将目测观察到的有关情况和现象,详细记录并需绘制以下图册:

①隧道开挖工作面及两帮素描剖面图,每个监测断面绘制剖面图 1 张;

②剖面图位置及间距应随类型、构造、水文地质条件不同而异。

变形（位移）监测:隧道内围岩位移包括水平收敛位移、拱顶下沉、浅埋地表沉降和围岩内位移 4 个方面,是隧道围岩应力状态变化的最直观反映,可为判断隧道空间的稳定性提供可靠的信息,根据变位速度判断隧道围岩的稳定程度为二次衬砌提供合理的支护时机,以此用于指导现场设计与施工。

2)周边位移量测

隧道新奥法施工,比较强调研究围岩变形。因为岩体变形是其应力形态变化的最直观反映,对于隧道的稳定能提供可靠信息,并根据位移、收敛状况、断面变形状态等判断:

①隧道围岩的稳定情况;

②初期支护的设计与施工方法是否妥善;

③根据变形速度判断隧道围岩的稳定程度,为二衬提供合理的支护时机;

④指导现场设计与施工。

在预设点的断面,隧道开挖爆破以后,沿隧道周边的拱腰(或导洞拱腰)和边墙部位分别埋设测桩。测桩埋设深度为 30 cm,钻孔直径为 42 mm,用快凝水泥或早强锚固剂固定,测桩头需设保护罩。一般采用钢尺式水平收敛仪量测周边收敛变形。在选测项目量测断面位置应有测点布置,隧道断面测点、测线布置分别如图 8.3 所示。

本项目收敛位移量测采用 SWJ-Ⅳ 收敛计(图 8.4),监测频率见表 8.2。

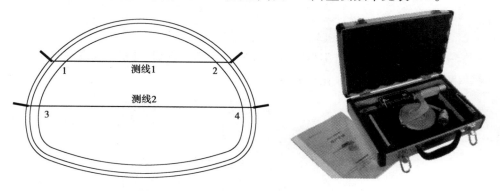

图 8.3　隧道水平收敛位移测线布置图　　　　图 8.4　SWJ-Ⅳ收敛计

表 8.2　隧道收敛位移和拱顶下沉量测频率表

位移速度/($\mathrm{mm \cdot d^{-1}}$)	距工作面距离	频　率
>5	$(1\sim2)D$	$1\sim4$ 次/1 天
$1\sim5$	$(2\sim5)D$	1 次/2 天
$0.2\sim1$	$5D$	1 次/1 周
<0.2	—	不监测

注:①D 为隧道宽度。

②当位移速率大于 5 mm/d,应视为出现险情,须及时发出警报。

3) 拱顶下沉量测

用于监测开挖后隧道拱顶下沉位移,了解断面的变形状态,判断隧道拱顶的稳定性,防止隧道顶部坍塌的发生。

拱顶下沉量测是在隧道开挖毛洞的拱顶设 1 个带挂钩的锚桩,测桩埋设深度为30 cm,钻孔直径为 42 mm,用快凝水泥或早强锚固剂固定,测桩头需设保护罩。采用精密的水准仪、钢圈尺量测拱顶下沉,在必测项目量测断面位置应有测点布置。隧道断面测点、测线布置如图 8.5 所示。

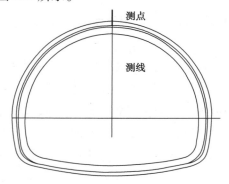

图 8.5　隧道拱顶沉降测线布置图

本项目拱顶下沉量测采用精密水准仪器(苏一光 DSZ2 + FS1),如图 8.6 所示,监测频率见表 8.2。

图 8.6　苏一光 DSZ2 + FS1

4) 地表沉降量测

在隧道浅埋处地表设点观测,根据下沉位移量判断开挖对地表下沉的影响,以确定隧道支护结构。根据隧道浅埋处地表的下沉量确定隧道开挖方案是否合理。

地表沉降观测设于隧道洞口浅埋地段,沿隧道轴线方向设 1 ~ 2 个量测断面,断面间距 10 ~ 15 m。隧道洞顶地表沉降量测仪器应在隧道尚未开挖前就开始布置,以求获得开挖过程中测点全位移曲线。在选定的量测断面区域,首先应设一个通视条件较好、测量方便、牢固的基准点。地面测点布置在隧道轴线及其两侧,每个断面 5 个测点。测点应埋水泥桩,测量放线定位,用精密水准仪量测。隧道开挖距量测断面 30 m 时开始量测,隧道开挖超过量测断面 30 m,并待沉降稳定以后停止量测。作为必测项目,其断面的布置可以根据现场的实际情况灵活布置,隧道地表沉降测桩布置如图 8.7 所示。

本项目浅埋地表下沉量测采用精密水准仪器(苏一光 DSZ2 + FS1) 和铟钢尺,如图 8.6 所示,量测频率见表 8.3。

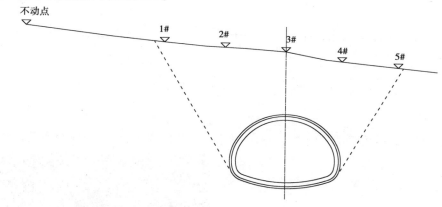

图 8.7　洞口及浅埋地段地表沉降测点布置图

表 8.3　隧道浅埋地表沉降量测频率表

项目	开挖状态	量测频率
浅埋地表沉降	开挖面距离量测断面前后 <2D 时	1 ~ 2 次/d
	开挖面距离量测断面前后 <5D 时	1 次/2d
	开挖面距离量测断面前后 >5D 时	1 次/2 周

注:D 为隧道宽度。

5)锚杆轴力量测

沿隧道周边的拱顶、拱腰和边墙埋设锚杆轴力计,埋设在每根锚杆的不同深度,对锚杆不同深度的受力情况进行量测。锚杆轴力量测的目的是:

①弄清锚杆的负荷状态,为确定合理的锚杆参数提供依据;

②判断围岩变形的发展趋势,概略判断围岩强度下降区的界限;

③评价锚杆工作性能,在长度、布设有效性的基础上优化锚杆布设方案。

锚杆轴力量测沿隧道周边的拱顶、拱腰和边墙设 5 个测孔,孔深 3.7 ~ 5 m,孔径为 50 mm。一个测孔内设 5 个传感器,每个断面 25 个测点。隧道锚杆轴向力量测方法有电测法和机械法。它们都是通过量测锚杆,先测出隧道围岩内不同深度的应变

（或变形），然后通过有关计算转求应力的量测方法。考虑量测方便，一般多采用电测法的钢筋计量测。隧道锚杆轴力量测测孔布置如图8.8所示。

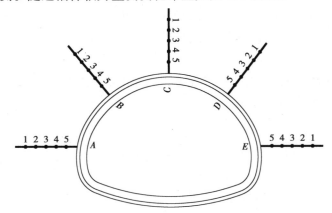

图8.8　隧道锚杆轴力量测测孔布置

本项目锚杆轴力量测采用电测式锚杆和测频仪如图8.9所示，监测频率见表8.4。

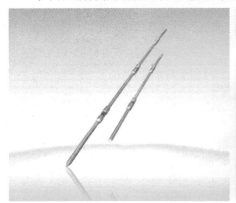
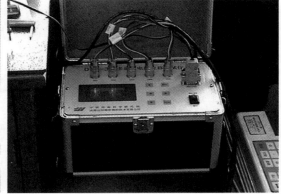

图8.9　电测式锚杆和测频仪

表8.4　锚杆轴力量测频率表

项目名称	监测频率			
	1～15 d	16 d～1 个月	1～3 个月	大于 3 个月
锚杆轴力	2～4 次/d	1 次/1d	1 次/周	1 次/月

6) 喷射混凝土应力量测

初期支护用于保护开挖围岩面，约束围岩面并同围岩共同变形，其工作状态、工作性能直接反映了围岩对喷射混凝土的作用，并能体现开挖面的稳定性及工作行为。

通常采用量测喷层切向应力的方法，主要有应力（应变）计量测法和应变砖量测法。应力(应变)计量测法是通过钢弦频率测定仪测出应力计受力后的振动频率,然后从事先标定出的频率-应力曲线上求出作用在喷层上的应力。

喷层应力计的埋设方法为:围岩初喷以后,在初喷面上将应力计固定,再复喷,将应力计全部覆盖并使应力计居于喷层的中央,方向为切向。待喷射混凝土达到初凝时开始测取读数。量测断面上应力计的布设位置为:沿隧道的拱顶、拱腰和边墙在喷射混凝土内共埋设 5 个(单洞),隧道喷射混凝土切向应力测点布置如图8.10所示。

本项目喷射混凝土应力监测采用混凝土应变计(图8.11)和测频仪,监测频率见表8.5。

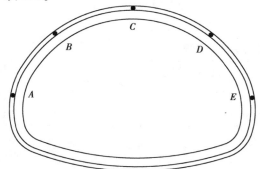

图 8.10　分离式隧道喷射混凝土
切向应力量测布置图

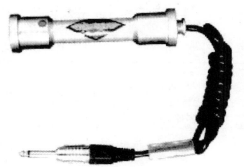

图 8.11　混凝土应变计

表 8.5　混凝土应力量测频率表

项目名称	量测频率			
	1～15 d	16 d～1 个月	1～3 个月	大于 3 个月
混凝土应力	1～2 次/d	1 次/d	1～2 次/周	1～3 次/月

7) 围岩与喷射混凝土间接触压力量测

围岩压力及接触压力量测常采用双膜钢弦式压力盒,其量测原理是将应力、应变、荷载以及其他参数测量的参数转变为频率进行量测,故具有抗干扰能力强、坚固耐用的优点,适合长距离传送。围岩与喷射混凝土之间的压力盒在喷射混凝土施工以前埋设,测取围岩对喷射混凝土压力,埋设方向为法向。喷射混凝土达到初凝强度以后,开始测取读数。量测断面宜与周边位移量测在同一断面上。量测断面的测点布置位置与喷射混凝土应力测点布置位置相同,即每个断面各设 5 个测点,共 10 个(单洞)测点。隧道围岩压力量测测点布置如图8.12所示。

本项目接触压力监测采用钢弦式双膜压力盒(图8.13)和测频仪,监测频率见表8.6。

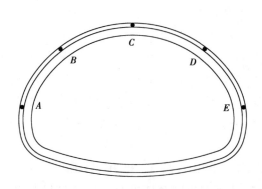

图 8.12　分离式隧道围岩压力
量测测点布置图

图 8.13　钢弦式双膜压力盒

表 8.6　围岩压力量测频率表

项目名称	量测频率			
	1～15 d	16 d～1 个月	1～3 个月	大于 3 个月
围岩压力	1～2 次/d	1 次/d	1～2 次/周	1～3 次/月

8) 钢拱架应力量测

对于有钢拱架支护的部分,要进行钢架内力的量测,以了解钢架受力的大小,为钢架造型与设计提供依据;根据钢架的受力状态,为判断隧道空间的稳定性提供可靠的信息;了解钢架的工作状态,评价钢架的支护效果。

型钢钢架、格栅钢架应力量测仅限于Ⅳ、Ⅴ级围岩地段。采用钢筋计量测,把钢筋计焊接在钢架上,量测钢架内力。钢架安装完以后即可测取读数。量测断面的测点布置位置与喷射混凝土应力测点布置位置相同,单洞每个断面 5 个测点。隧道钢拱架应力量测测点布置如图 8.14 所示。

本项目钢拱架应力量测采用钢筋计(图 8.15)和测频率仪器,监测频率见表 8.7。

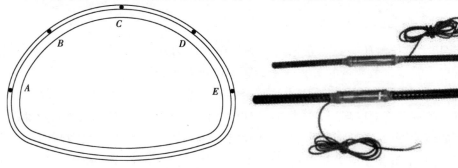

图 8.14　隧道钢拱架应力量测测点布置图

图 8.15　钢筋计

表 8.7　钢拱架应力监测频率表

项目名称	监测频率			
	1～15 d	16 d～1 个月	1～3 个月	大于 3 个月
钢拱架应力	1～2 次/d	1 次/d	1～2 次/周	1～3 次/月

9）围岩内部位移量测

为探明支护系统上承受的荷载,进一步研究支架与围岩相互作用之间的关系,不仅需要量测支护空间产生的相对位移,而且需要对围岩深部岩体位移进行监测。围岩内部位移量测的目的是:

①确定围岩位移随深度变化的关系;

②找出围岩的移动范围,深入研究支架与围岩相互作用的关系;

③判断开挖后围岩的松动区、强度下降区以及弹性区的范围;

④判断锚杆长度是否适宜,以便确定合理的锚杆长度;

⑤为准确判断围岩的变形发展提供数据,为隧道围岩加固提供决策性依据。

围岩内部位移测孔沿隧道围岩周边分别在拱顶、拱腰和边墙共设 5 个测孔,孔深 3.7～5 m,孔径为 50 mm。多点位移计分为电测式位移计和机械式位移计,一般采用 5 点杆式多点位移量测,一个断面共 25 个测点。量测断面尽可能靠近掌子面,及时安装,测取读数。隧道围岩内部位移测孔布置如图 8.16 所示。

本项目采用电测式围岩位移计和频率仪(图 8.17)进行量测,其量测频率见表 8.8。

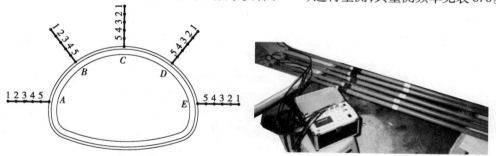

图 8.16　隧道围岩内部位移测孔布置　　　图 8.17　电测式围岩位移计

表 8.8　隧道围岩内部位移量测频率表

项目名称	监测频率			
	1～15 d	16 d～1 个月	1～3 个月	大于 3 个月
围岩内部位移	1～2 次/d	1 次/d	1～2 次/周	1～3 次/月

8.2.3　测试断面布置

监测断面分两种,一种是一般性监测断面,主要监测内容为《公路隧道施工技术规范》（JTJ F60—2009）中规定的必测项目,在隧道进出洞口、围岩类别变化处及地质条件复杂的区段可以适当加密;另一种是代表性监测主断面,主要监测内容为《公路隧道施工技术规范》（JTJ F60—2009）中规定的选测项目,代表性监测主断面在每种围岩类别中、进出洞口、地质条件复杂区段等部位。

隧道的测点和断面的布置,严格按照规范和设计文件要求测点布置原则如下:

①快速埋设测点。在距离开挖工作面 2 m 范围内,开挖后 24 h 内,下次爆破前。

②每种围岩类别选择若干个比较有代表性的断面布置选测项目测点。

③必测项目按围岩级别每隔一定距离布设测点,Ⅴ级围岩 5～10 m,Ⅳ级围岩 20 m,Ⅲ、Ⅱ级围岩 40 m。

④选测和必测项目测点尽可能地布置在同一断面,为分析这一断面的受力情况及围岩稳定性提供充分的依据。

⑤测点与基线的布置视具体施工方案的变化进行修改和调整。有特殊要求的停车段、通道交叉地段或业主及监理认为有必要监控的地段,设置监控量测断面加设测点。

按照规范和设计文件要求及根据测点的布置原则,隧道的测点和断面的布置按以下方案布设:

①洞内外观察断面间距,Ⅴ级围岩 5～10 m,其地级别围岩 20 m;

②洞内周边收敛和拱顶沉降量测断面间距:Ⅴ级围岩 5～10 m,Ⅳ级围岩 20 m,Ⅲ、Ⅱ级围岩 40 m;

③隧道洞口及浅埋段地表下沉量测断面间距:洞口 30 m 范围内每 10 m 一个断面,洞口平缓、埋深较浅处可加密至 5 m,其余地段根据现场情况需要每 50～100 m 布置断面;

④选测项目断面根据现场地质情况及需要进行布设。

路湾隧道监控量测项目断面布置汇总见表8.9。断面的布置可以根据现场的实际情况进行灵活调整。

表 8.9 路湾隧道量测断面布置

隧道名称	类型	数量/个	量测断面	
			断面桩号	量测项目
路湾隧道量测断面	A	77	K4 +075、K4 +085、K4 +095、K4 +100、K4 +120、 K4 +140、K4 +160、K4 +180、K4 +200、K4 +220、 K4 +240、K4 +260、K4 +280、K4 +300、K4 +320、 K4 +340、K4 +360、K4 +380、K4 +400、K4 +420、 K4 +440、K4 +460、K4 +480、K4 +500、K4 +520、 K4 +540、K4 +560、K4 +580、K4 +600、K4 +620、 K4 +640、K4 +660、K4 +670、K4 +680、K4 +685、 YK4 +025、YK4 +030、YK4 +040、YK4 +050、 YK4 +060、YK4 +070、YK4 +080、YK4 +100、 YK4 +120、YK4 +140、YK4 +160、YK4 +180、 YK4 +200、YK4 +220、YK4 +240、YK4 +260、 YK4 +280、YK4 +300、YK4 +320、YK4 +340、 YK4 +360、YK4 +380、YK4 +400、YK4 +420、 YK4 +440、YK4 +460、YK4 +480、YK4 +500、 YK4 +520、YK4 +540、YK4 +560、YK4 +580、 YK4 +600、YK4 +620、YK4 +640、YK4 +660、 YK4 +670、YK4 +680、YK4 +685、YK4 +690、 YK4 +695、YK4 +700	地质及支护状况观察

隧道名称	类型	数量/个	量测断面	
			断面桩号	量测项目
路湾隧道量测断面	B	59	K4+075、K4+080、K4+085、K4+090、K4+095、K4+100、K4+120、K4+140、K4+160、K4+200、K4+240、K4+250、K4+260、K4+280、K4+320、K4+360、K4+400、K4+440、K4+480、K4+520、K4+560、K4+600、K4+640、K4+650、K4+660、K4+670、K4+675、K4+680、K4+685、YK4+025、YK4+030、YK4+035、YK4+040、YK4+050、YK4+060、YK4+080、YK4+100、YK4+120、YK4+160、YK4+180、YK4+200、YK4+240、YK4+280、YK4+320、YK4+360、YK4+400、YK4+440、YK4+480、YK4+520、YK4+560、YK4+600、YK4+640、YK4+660、YK4+670、YK4+680、YK4+685、YK4+690、YK4+695、YK4+700	周边位移、拱顶下沉
	C	6	K4+075、K4+690、YK4+025、YK4+035、YK4+050、YK4+700	地表下沉
	D	4	K4+100、K4+660、YK4+200、YK4+680	围岩压力量测、钢支撑内力量测、喷射混凝土应力量测、锚杆轴力量测、围岩内部位移
	E		根据现场实际情况定	地质超前预报

8.3　路湾隧道典型断面位移监测结果分析

　　本章主要介绍路湾隧道洞口浅埋、偏压段施工监测的基本内容,并对量测结果进行分析,以求进一步探讨浅埋、偏压段围岩和支护结构受力、变形特征。以下选取隧道尚未完全贯通,仅仅实现左右洞口的部分开挖时,部分断面的监控量测数据进行分析。

8.3.1 拱顶沉降监测结果分析

根据《公路隧道施工技术规范》(JTG F60—2009)规定,采用水准仪、钢尺等水准量测方法对路湾隧道已开挖部分进行拱顶下沉监控量测,每 5 m 一个断面布置测点,开挖初期监测频率为为 1~2 次/d,施工状况发生变化时(各开挖、支护工序衔接)增加量测频率。

(1)右洞洞口段

图 8.18 ~ 图 8.21 所示为右洞洞口拱顶下沉时程曲线图。

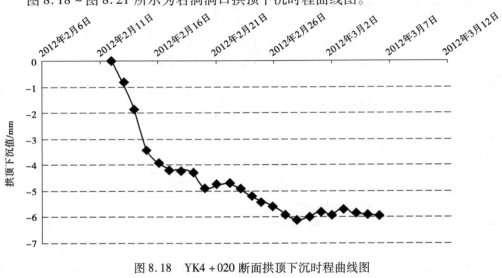

图 8.18　YK4 +020 断面拱顶下沉时程曲线图

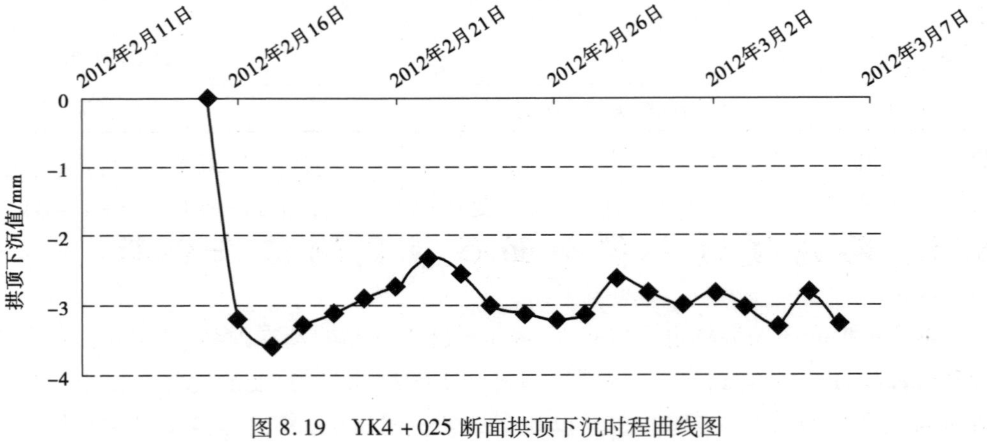

图 8.19　YK4 +025 断面拱顶下沉时程曲线图

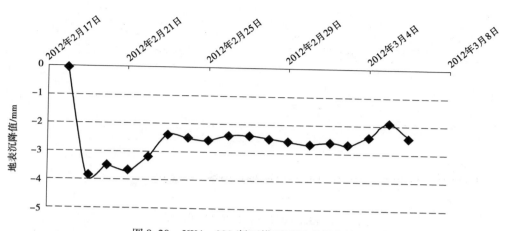

图 8.20 YK4 + 030 断面拱顶下沉时程曲线图

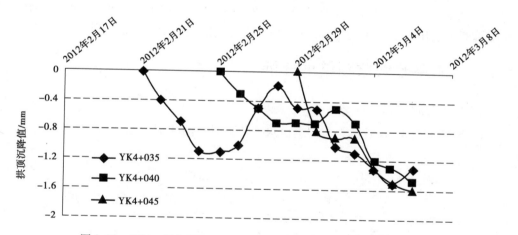

图 8.21 YK4 + 035、YK4 + 040、YK4 + 045 断面拱顶下沉时程曲线图

由图 8.18 ~ 图 8.21 可以看出,各断面拱顶沉降值在最初的几天比较大,随后出现小范围的波动,但是所有断面拱顶下沉值都不是很大。YK4 + 020 基本已经处于稳定状态,YK4 + 025、YK4 + 030 断面每天的变化也已不大;而 YK4 + 035、YK4 + 040、YK4 + 045 断面由于开挖的时间较短,目前还未处于稳定状态。所有断面中 YK4 + 020 断面的拱顶下沉值最大,约 6 mm。

(2)左洞洞口段

图 8.22 所示为左洞洞口拱顶下沉时程曲线图。

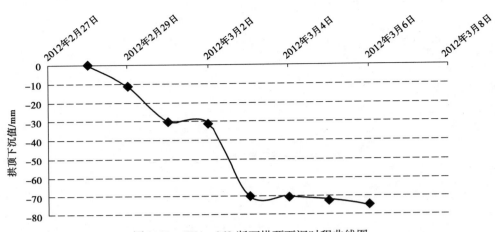

图 8.22　ZK4 +062 断面拱顶下沉时程曲线图

由图 8.22 可以看出,ZK4 +062 断面拱顶下沉量较右洞洞口段要大得多,在短短数天内就发展至 7 cm 左右,其值已经超过了相关规范所规定的允许值,而隧道洞内初支混凝土也出现了一定的裂缝。由此表明,初支已经产生了一定的破坏。

8.3.2　水平收敛监测结果分析

（1）右洞洞口段

图 8.23 ~ 图 8.26 所示为右洞洞口水平收敛时程曲线图。

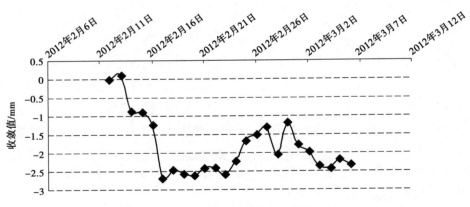

图 8.23　YK4 +020 断面水平收敛时程曲线图

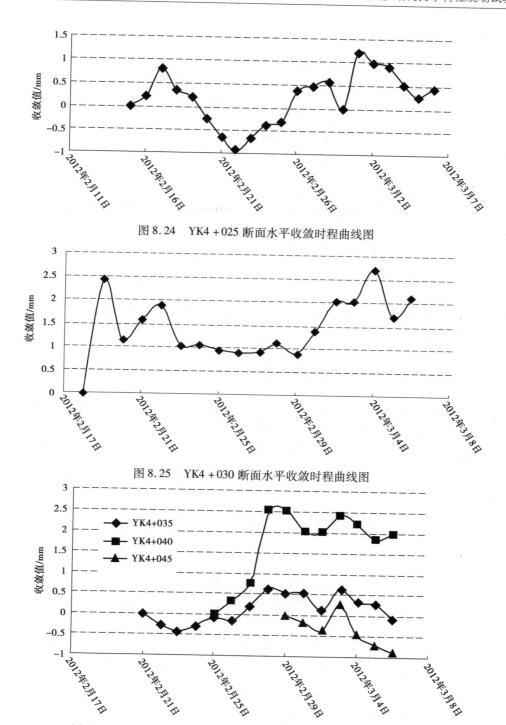

图 8.24　YK4+025 断面水平收敛时程曲线图

图 8.25　YK4+030 断面水平收敛时程曲线图

图 8.26　YK4+035、YK4+040、YK4+045 断面水平收敛时程曲线图

　　由图 8.23~图 8.26 可以看出,各断面水平收敛值都未趋于稳定,还存在着一定的波动,但是所有断面收敛值都不是很大,最大收敛值在 YK4+030 断面,约 2.7 mm。

（2）左洞洞口段

图 8.27 所示为左洞洞口水平收敛时程曲线图。

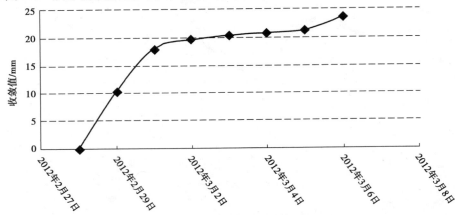

图 8.27　ZK4 +062 断面水平收敛时程曲线图

由图 8.27 可以看出,ZK4 +062 断面水平收敛值也较右洞洞口段要大得多,且有继续增大的趋势。

8.3.3　地表沉降监测结果分析

根据路湾隧道实际情况,采用水准仪等水准量测方法对左右洞洞口段部分断面地表下沉进行了监测,其中左洞为 ZK4 +070、ZK4 +075 和 ZK4 +080 3 个断面,右洞为 YK4 +030 和 YK4 +040 两个断面。设计量测频率 1 ~2 次/d,实际中由于左洞出现了较大的变形,量测频率为 3 次/d,右洞为 1 次/d。图 8.28 所示为地表沉降监测点示意图。

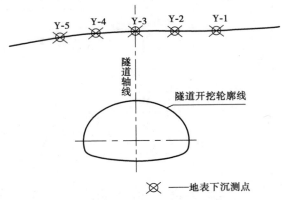

图 8.28　地表沉降监测点示意图

（1）右洞洞口段

图 8.29 ~图 8.30 所示为右洞洞口 YK4 +030 和 YK4 +040 两个断面地表沉降时程曲线图。

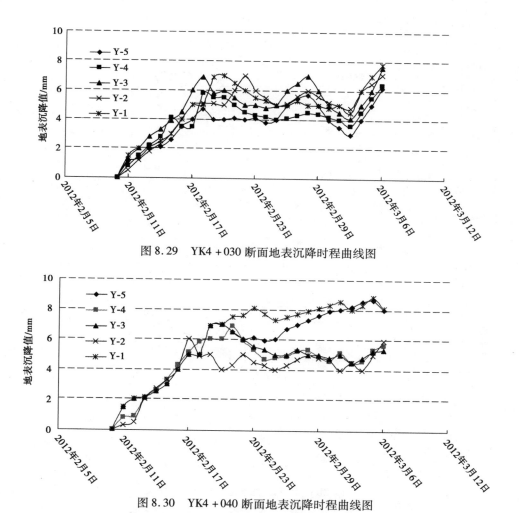

图 8.29　YK4 + 030 断面地表沉降时程曲线图

图 8.30　YK4 + 040 断面地表沉降时程曲线图

由图 8.29、图 8.30 可以看出,右洞洞口段在隧道开挖初期出现了一定的增长,在 8 天左右基本就会处于比较稳定的状态,且两个断面的地表下沉值最大约为 9 mm,值比较小。

（2）左洞洞口段

图 8.31 ~ 图 8.33 为 ZK4 + 070、ZK4 + 075 和 ZK4 + 080 3 个断面地表沉降时程曲线图。

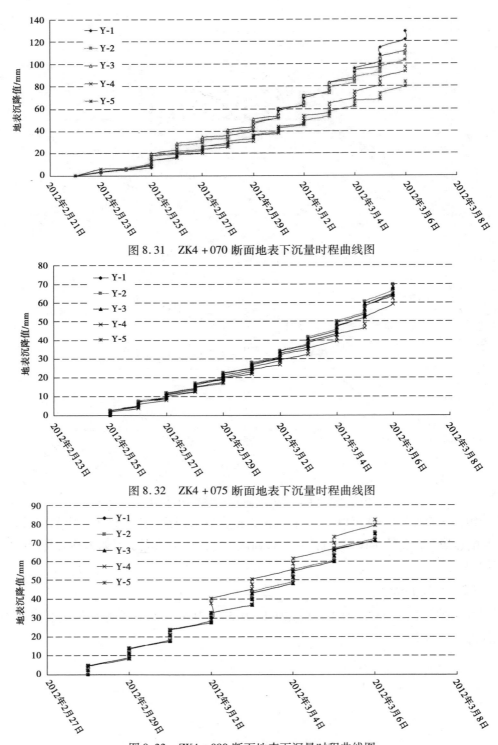

图 8.31　ZK4 +070 断面地表下沉量时程曲线图

图 8.32　ZK4 +075 断面地表下沉量时程曲线图

图 8.33　ZK4 +080 断面地表下沉量时程曲线图

由图 8.31 ~ 图 8.33 看出,与右洞洞口不同之处在于,隧道开挖后在很短的时间内就会发生较大的沉降。上述 3 个断面一般在 2 天内就会达到 10 mm,而且从整个曲线趋势来看,曲线属于上凹型。这表明地表的沉降量还在继续增大,且增长速率也在增长。

8.4   路湾隧道支护结构力学特性监测结构分析

根据路湾隧道的实际情况,在各个洞口段均布置一个断面进行选测项目的监控量测。选测项目为围岩与初支间接触压力量测和钢支撑内力量测两种。以下选取隧道尚未完全贯通,仅仅实现左右洞口的部分开挖时,部分断面的监控量测数据进行分析。其监测布置示意图如图 8.34 所示。

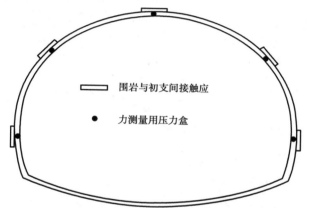

图 8.34   选测项目监控量测布置示意图

8.4.1   围岩压力

图 8.35 所示为隧道左右洞已开挖断面围岩与初支接触压力分布图。

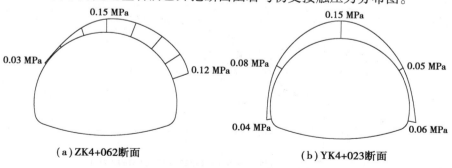

(a)ZK4+062断面   (b)YK4+023断面

图 8.35   左右洞已开挖断面围岩与初支接触压力分布图

从图 8.35 可以看出,左右洞洞口都是拱顶处的压力最大,左右洞洞顶值均为

0.15 MPa,但是左洞左右拱腰的应力差较右洞洞口应力差要大很多,表明左洞的偏压程度要较右洞严重。

图 8.36 ~ 图 8.40 所示为路湾隧道 YK4 + 050 断面不同部位围岩应力时程曲线图。

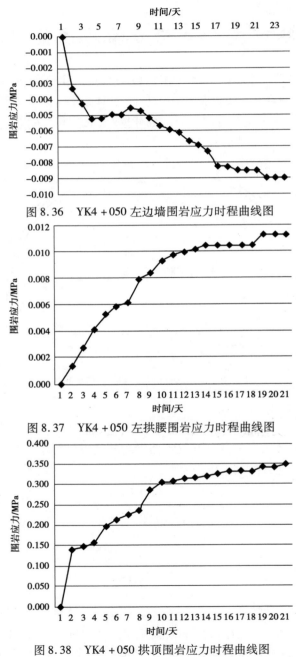

图 8.36　YK4 + 050 左边墙围岩应力时程曲线图

图 8.37　YK4 + 050 左拱腰围岩应力时程曲线图

图 8.38　YK4 + 050 拱顶围岩应力时程曲线图

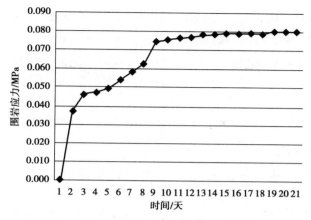

图 8.39　YK4 +050 右拱腰围岩应力时程曲线图

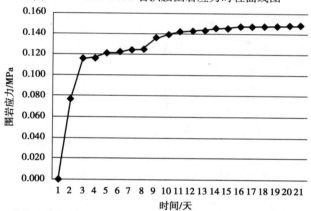

图 8.40　YK4 +050 右边墙围岩应力时程曲线图

由图 8.36 ~ 图 8.40 可以看出,该断面在开挖后,应力皆呈现增大趋势;在开挖半个月后,应力重分布接近于稳定,各测点趋于稳定收敛值都不大;拱顶应力相对增量较大,开挖两天内应力增量达到 0.15 MPa,半月后累计增量达到 0.35 MPa,为各测点增量最大值。

8.4.2　钢拱架支护内力

图 8.41 所示为隧道左右洞已开挖断面钢支撑弯矩分布图。

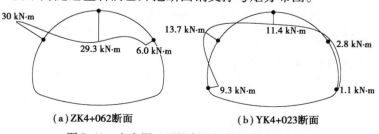

图 8.41　左右洞已开挖断面钢支撑弯矩分布图

从图8.40可以看出,两个监测断面均是左拱腰和拱顶处弯矩值最大。左洞拱顶处弯矩为29.3 kN·m,左拱腰处弯矩为30 N·m;右洞拱顶处弯矩为11.4 kN·m,左拱腰处弯矩为13.7 kN·m。两处断面左右拱腰处钢支撑弯矩都有一定的差异,说明两断面都受偏压的影响,但左洞洞口断面左右拱腰值更大,且差异也更大。由此表明,左洞洞口受偏压影响更为严重一些。

下面还列举了YK4+050和ZK4+100钢拱架内力时程曲线图。

（1）右洞洞口段

图8.42、图8.43所示为路湾隧道YK+050断面钢拱架内力时程曲线图。

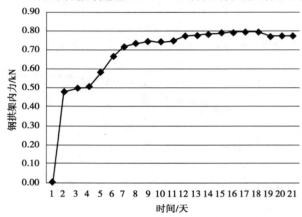

图8.42　YK4+050拱顶钢拱架内力时程曲线图

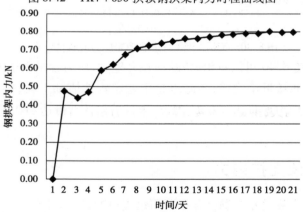

图8.43　YK4+050右拱腰钢拱架内力时程曲线图

（2）左洞洞口段

图8.44、图8.45所示为路湾隧道ZK+050右拱钢拱架内力时程曲线图。

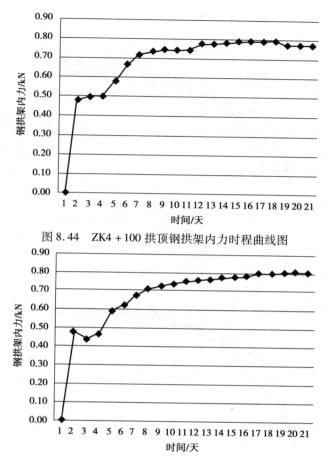

图 8.44　ZK4 + 100 拱顶钢拱架内力时程曲线图

图 8.45　ZK4 + 100 右拱腰钢拱架内力时程曲线图

由图 8.42 ~ 图 8.45 可以看出,在断面开挖后,钢拱架内力呈增加趋势,到开挖后 10 天左右,钢拱架内力趋于稳定。这是因为围岩开挖后,自稳能力充分得到了发挥,期中在开挖后的前两天,拱顶和拱腰处钢拱架应力增加速率最大。

8.4.3　围岩内部位移

根据《公路隧道施工技术规范》(JTG F60—2009)规定,本项目采用电测式围岩位移计和频率仪对路湾隧道已开挖部分进行拱顶下沉监控量测。采用 5 点杆式多点位移量测,开挖初期监测频率为为 1 ~ 2 次/d,施工状况发生变化时(各开挖、支护工序衔接)增加量测频率。

(1)左洞洞口段

图 8.46 ~ 图 8.48 所示为路湾隧道 ZK4 + 100 断面围岩内部位移时程曲线图。

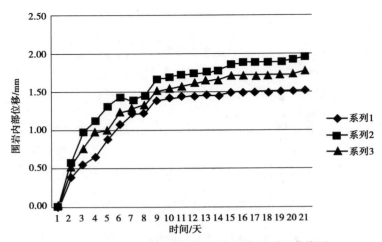

图 8.46　ZK4 + 100 左拱腰围岩内部位移时程曲线图

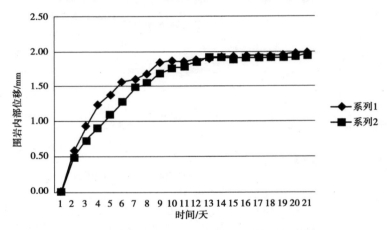

图 8.47　ZK4 + 100 拱顶围岩内部位移时程曲线图

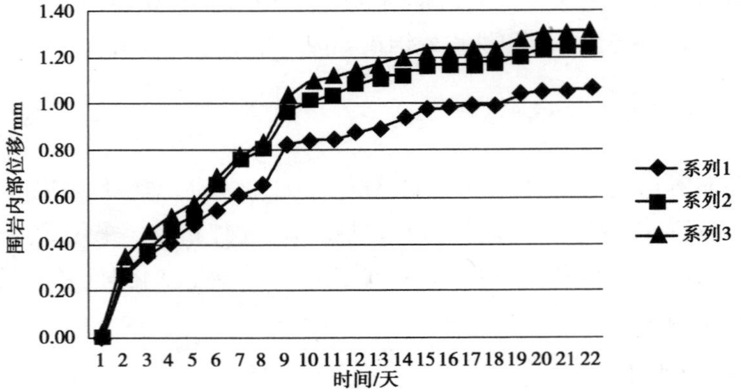

图 8.48　ZK4 + 100 右拱腰围岩内部位移时程曲线图

（2）右洞洞口段

图 8.49～图 8.51 所示为路湾隧道 YK4+050 断面围岩内部位移时程曲线图。

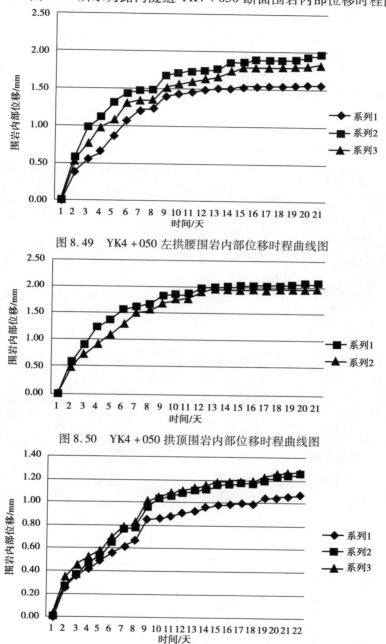

图 8.49　YK4+050 左拱腰围岩内部位移时程曲线图

图 8.50　YK4+050 拱顶围岩内部位移时程曲线图

图 8.51　YK4+050 右拱腰围岩内部位移时程曲线图

由图 8.46～图 8.51 可以看出，左右洞在开挖后 20 天内均出现了一定的增长；在第 12 天左右，两洞左拱腰和洞顶就基本处于比较稳定的状态，围岩内部最大位移约

2 mm,而两洞右拱腰在第 18 天左右才处于比较稳定的状态,但收敛值较左拱腰和洞顶小,围岩内部收敛值约 1.2 mm。

8.5 左洞洞口初支破坏分析

8.5.1 表观变形监测

根据现场的情况,在开挖初期左洞发生了较严重的病害,出现初支破坏的现象,隧道内部初支以及边仰坡喷射混凝土均出现了开裂、剥落,如图 8.52 所示。

(a)隧道部初支破坏、剥落　　　　　(b)隧道上部地表出现较大裂缝

(c)隧道仰坡喷射混凝土破坏、剥落　　　(d)隧道仰坡混凝土破坏、剥落

图 8.52　隧道内部初支边仰坡喷射混凝土开裂、剥落

8.5.2 原因分析

根据现场监测情况对上述病害进行简单的分析。

(1)隧道浅埋偏压的影响

由太沙基的散体压力理论,考虑破裂面上的侧面压力和剪切破坏条件,由力的传递可以得出作用在衬砌上的力。假定土体中形成的破裂面是一条与水平角 β 和 β' 的斜直线,如图 8.53 所示。图中,$EFHG$ 沿土体下沉,带动两侧三棱土体 FDB 和 ECA 下沉,整个土体下沉时,又受到未扰动土体的阻力;隧道上覆岩土体 *EFHG* 的重力为 *W*,两侧三棱体 *FDB* 和 *ECA* 的重力分别为 W_1 和 W_2;未扰动岩体整个滑动面土体的阻力为 *F*;当 *EFHG* 下沉时,两侧受到阻力 *T* 和 *T'*,作用于 *HG* 面得垂直压力总值 *Q*。

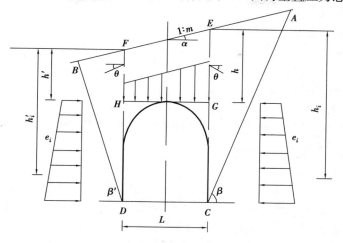

图 8.53　偏压分布示意图

假定偏压分布图形与地面坡一致,则有:

$$Q = W - T - T' = W - (T + T')\sin\theta \tag{8.1}$$

左侧三棱体自重为:

$$W_1 = \frac{1}{2}\gamma h'^2 \frac{1}{\tan\beta' + \tan\alpha} \tag{8.2}$$

右侧:

$$W_2 = \frac{1}{2}\gamma h^2 \frac{1}{\tan\beta + \tan\alpha} \tag{8.3}$$

两侧阻力为:

$$T' = \frac{\sin(\beta - \varphi)}{\sin[90° - (\beta - \varphi + \theta)]} W_1 \tag{8.4}$$

$$T = \frac{\sin(\beta - \varphi)}{\sin[90° - (\beta - \varphi + \theta)]} W_2 \tag{8.5}$$

于是

$$T = \frac{1}{2}\gamma h^2 \frac{\lambda}{\cos\theta}, T' = \frac{1}{2}\gamma h'^2 \frac{\lambda'}{\cos\theta} \tag{8.6}$$

故垂直总压力为:

$$Q = \frac{\gamma}{2}[(h + h')B - (\lambda h^2 + \lambda' h'^2)\tan\theta] \tag{8.7}$$

隧道的水平侧压力等于垂直压力乘以侧压力系数,
内侧:

$$e_i = \gamma \cdot h_i \cdot \lambda \tag{8.8}$$

外侧：

$$e_i = \gamma \cdot h_i' \cdot \lambda' \qquad (8.9)$$

式中　h, h'——内、外两侧由拱顶水平至地面高度，m；

B——坑道跨度，m；

γ——围岩重度，kN/m^3；

θ——顶板土柱两侧摩擦角，$(°)$；

λ, λ'——内外侧的侧压力系数；

α——地面坡坡度角，$(°)$；

φ——围岩计算摩擦角，$(°)$；

h_i, h_i'——内外侧任意点 i 至地面的距离，m。

隧道侧壁均布围岩压力为：

$$e_{均} = \frac{e_1 + e_2}{2} \qquad (8.10)$$

式中　e_1——隧道侧壁顶端的围岩压力，kN/m^3；

e_2——隧道侧壁底端的围岩压力，kN/m^3。

根据路湾隧道工程中的实际情况，定量地分析偏压对隧道的影响程度。确定的参数有：$L = 16.65$ m，$\gamma = 20$ kN/m^3，$\varphi = 30°$，$\theta = 0.6\varphi = 24°$，$\alpha = 38°$，$h = 16.28$ m，$h' = 8.20$ m。通过上述计算可得，侧压力系数 $\lambda = 0.436$，$\lambda' = 0.235$。根据式（8.8）、式（8.9）、式（8.10），计算可得隧道内外侧压力均布压力值：

$$e_{内} = \frac{e_1 + e_2}{2} = 98.56 \text{ kN/m}^2, e_{外} = \frac{e_1 + e_2}{2} = 29.87 \text{ kN/m}^2$$

由计算结果可得，在未加固的情况下，内侧围岩的压力是外侧围岩压力的 3 倍多。两侧围岩压力的差别极大，使得隧道承受较为显著的偏压荷载。而又因为路湾左洞洞口段处于浅埋状态，该段隧道围岩压力主要是松动压力，在偏压荷载的影响下，隧道开挖后会先使得内侧土体产生破裂面，从而失稳下滑。而这又会对外侧破裂面施加推力，从而增大了顶板土柱的下滑趋势。上述计算表明，隧道受偏压影响越严重，这种推力也越大。由此可知，隧道左洞洞口浅埋偏压影响严重是病害产生的最主要原因。

（2）地质、降雨以及施工的影响

左洞洞口段为丘陵斜坡地貌，地势起伏大，地表植被发育。地表覆盖有 6~9 m 厚的残坡积堆积体。下部为上白垩统塘上组凝灰质粉砂岩及晶屑凝灰岩，ZK4+055~ZK4+080 处有 F14 断裂通过，结构面张开性好。节理发育，频度为 2~4 条/m，闭合；围岩呈碎裂状松散结构-块碎状镶嵌结构，隧道埋藏浅，地下水活动强烈，掘进时有淋水、滴水现象，属Ⅴ级围岩，围岩稳定性差。

在 2012 年 3 月 8 日至 3 月 10 日，隧道所在地出现了时间较长、强度较大的持续降雨。由于洞口段岩体呈石夹土或土夹石状态，岩体风化和破碎程度高，大量的降雨造成围岩质量的降低，同时也是造成围岩较大变形初支破坏的主要原因之一。

参考文献

[1] Wawerisk W R. Time-dependent rock behavior uniaxial compression[J]. In Proc. 14th Symposium on Rock Mechanics, pp. 85-106.

[2] Brown E T. Strength of models of rock with intermittent joins[J]. J. Soil Mech. Foundn Div, 1970, 96(6), 1935-1949.

[3] Hock E, Brown E T. The Hock-Brown Failure criterion-a 1988 update[J]. International Journal of Rock Mechanics and Mining Science Geomechanics Abstracts, 1990, 27(3):138.

[4] Hock E, Brown E T. Underground excavations in rock[M]. London: Institution of Mining and Metallurgy, 1980.

[5] PARKA C H, BOBETB A. Crack initiation, propagation and coalescence from frictional flaws in uniaxial compression[J]. Engineering Fracture Mechanics, 2010, 77(14):2727-2748.

[6] 曾云. 盘道岭隧洞软弱岩石浸水软化对强度和变形特性的影响[J]. 陕西水力发电, 1994, 10(1):29-33.

[7] 黄荣樽, 邓金根. 流变地层的粘性系数及其影响因素[J]. 岩土力学与工程学报, 2000. 19(z1), 836-839.

[8] 王思敬, 马凤山, 杜永康. 水库地区的水岩作用及其地质环境的影响[J]. 工程地质学报, 1996, 4(3):1-9.

[9] Louis C. Rock Hydraulics in Rock Mechanics[J]. Spring Vienna, 1972, 12(4):59.

[10] Oda M. An equivalent continuum model for coupled stress and fluid f low analysis in jionted rock masses[J]. Water Resources Research, 1986, 22(13):1845-1856.

[11] DD Nolte, LJ Pyrak-Nolte, NGW look. The fractal geometry of flow paths in natural fractures in rock and the approach to percolation[J]. Pure and Applied Geophysics, 1989, 131(1):111-138.

[12] 朱珍德, 胡定. 裂隙水压力对岩体强度的影响[J]. 岩土力学, 2000, 21(1):64-67.

[13] 陈钢林,周仁德.水对受力岩石变形破坏宏观力学效应的实验研究[J].地球物理学报,1991,34(3):335-342.

[14] 周瑞光,成彬芳,高玉生,等.断层泥蠕变特性与含水量的关系研究[J].工程地质学报,1998,6(3):217-222.

[15] 连生,周萃英.一门新的交叉学科工程地球化学[C].山峡库区地质环境暨中日地层环境力学国际学术讨论会,1996.

[16] 杨永明,陈佳亮,高峰,等.三轴应力下致密砂岩的裂纹发育特征与能量机制[J].岩石力学与工程学报,2014,33(4):691-698.

[17] 姜永东,鲜学福,许江,等.砂岩单轴三轴压缩试验研究[J].中国矿业,2004,13(4):66-69.

[18] 马占国,郭逞礼,陈荣华,等.饱和破碎岩石压实变形特性的试验研究[J].岩石力学与工程学报,2005,24(7):1139-1144.

[19] 陈新,廖志红,李德建.节理倾角及连通率对岩体强度、变形影响的单轴压缩试验研究[J].岩土力学与工程学报,2011,30(4):781-789.

[20] 王东,刘长武,王丁,等.三向应力作用下典型岩石破坏预警及峰后特性研究[J].西南交通大学学报,2012,47(1):90-96.

[21] 宗自华,马利科,高敏,等.北山花岗岩三轴压缩条件下声发射特性研究[J].铀矿地质,2013,29(2):123-128.

[22] Dougill J W,Lau J C,Burt N J.Mechanics in Eng.ASCE.EMD.1976:333-355.

[23] 谢和平,等.岩石混凝土损伤力学[M].徐州:中国矿业大学出版社,1990.

[24] 川本眺万,ひずみ软化を考虑した岩盘掘削の解析[A].见:土木学会论文报告集[C].[s.1.]:[s.n.],1981,107-117.

[25] Dems K,Mroz Z.Stability condition for brittle plastic structure withpropagation damage surface[J].Struct.Mech.1985,13(1):85-122.

[26] 郭中华,朱珍德,余湘娟,等.灰岩强度特性的三轴压缩试验分析[J].河海大学学报,2002,30(3):93-95.

[27] 卢允德,葛修润,蒋宇,等.大理岩常规三轴压缩全过程试验和本构方程研究[J].岩石力学与工程学报,2004,39(4):511-515.

[28] 朱珍德,徐卫亚,张爱军.脆性岩石损伤断裂机理分析与试验研究[J].岩石力学与工程学报,2003,22(9):1411-1416.

[29] 谢守益,徐卫亚,邵建富.多孔岩石塑性压缩本构模型研究[J].岩石力学与工程学报,2005,24(17):3154-3158.

[30] 韦立德,杨春和,徐卫亚.考虑体积塑性应变的岩石损伤本构模型研究[J].工程力学报,2006,23(1):139-143.

[31] 杨圣奇,苏承东,徐卫亚.大理石常规三轴压缩下强度和变形特性的试验研究[J].岩土力学,2005,26(3):475-478.

[32] 郭印同,杨春和.硬石膏常规三轴压缩下强度和变形特性的试验研究[J].岩土

力学, 2010, 31(6): 1776-1780.

[33] 张志亮,徐卫亚,王伟,等. 韧性岩石常规三轴压缩试验及变形与损伤演化规律研究[J]. 岩土力学与工程学报,2011,9(s2),3857-3862.

[34] 周崟,张家铭,刘宇航,等. 巴东组紫红色泥质粉砂岩损伤特性三轴试验研究[J]. 水文地质工程地质,2012,39(2):56-60.

[35] 贾善坡,陈卫中. 泥岩弹塑性损伤本构模型及其参数辨识[J]. 岩土力学, 2009, 30(12):3607-3614.

[36] ROBINET J C,RAHBAOUI A,PLAS F,et a1. A constitutive thermomechanical model for saturatedclays[J]. Engineering Geology, 1996,41(1):145-169.

[37] CONIL N,DJERAN-MAIGREI,CABRILLAC R,et a1. Poroplastic damage model for claystones[J]. Appfied Clay Science,2004,26(1-4):473-487.

[38] 谢和平,彭瑞东,周宏伟. 基于断裂力学与损伤力学的岩石强度理论研究进展[J]. 自然科学进展,2004,14(10):1086-1092.

[39] 曹文贵,赵衡. 考虑损伤阀值影响的岩石损伤统计软化本构模型及其参数确定方法[J]. 岩石力学与工程学报,2008,27(6):1148-1154.

[40] 刘成学,杨林德,曹文贵. 岩石统计损伤软化本构模型及其参数反演[J]. 地下空间与工程学报, 2007,3(3):453-457.

[41] 赵红鹤,高富强,杨小林. 基于不同分布的分段式岩石损伤本构模型[J]. 矿业研究与开发,2015, 35(4):64-67.

[42] 李树春,许江,李克刚,等. 基于 Weibull 分布的岩石损伤本构模型[J]. 湖南科技大学学报,2007, 22(4):65-68.

[43] L. Obert, S. L. Windes, W. I. Duvall. Standardized tests for determining the physical properties of mine rock[J]. RI-3891, Bureau of Mines, U. S. Dept. of the Interior. 1946.

[44] 宣以琼,武强,杨本水. 岩石的风化损伤特征与缩小防护煤柱开采机制研究[J]. 岩石力学与工程学报,2005,24(11):1911-1916.

[45] 刘新荣,姜德义,余海龙. 水对岩石力学特性影响的研究[J]. 化工矿物与加工, 2000,29(5):17-20.

[46] G. West. Strength properties of Bunter sandstone[J]. Tunnels and Tunnelling, 1979, 7(7): 27-29.

[47] A. B. Hawkins, B. J. McConnell. Sensitivity of sand-stone strength and deformability to changes in moisture content[J]. Quarterly Journal of Engineering Geology, 1992, 25(2):115-130.

[48] 陈钢林,周仁德. 水对受力岩石变形破坏宏观力学效应的实验研究[J]. 地球物理学报, 1991,34(3):335-342.

[49] 刘新荣,傅晏,王永新,等. (库)水-岩作用下砂岩抗剪强度劣化规律的试验研究[J]. 岩土工程学报,2008,30(9):1298-1302.

［50］傅晏,刘新荣,张永兴,等.水岩相互作用对砂岩单轴强度的影响研究［J］.水文地质工程地质, 2009, 36(6):54-58.

［51］M. L. Lin, F. S. Jeng, L. S. Tsai, et al. Wetting weakening of tertiary sandstones-microscopic mechanism［J］. Environment Geology, 2005,48(2):265-275.

［52］Dragon A. and Mroz Z. A. Continuum model for plastic-brittle behavior of rock and concrete［J］. Int. J. Engng, Sci, 1979,17(2):121-137.

［53］Kaehanov M. A microcrack model of rock inelasticity part Ⅰ: frictional sliding on microcrack［J］. Mechanics of Materials, 1982,1(1):19-27.

［54］刘泉声,许锡昌.温度作用下脆性岩石的损伤分析［J］.岩石力学与工程学报, 2000, 19(4): 408-411.

［55］Kawamoto T. Deformation and fracturing behaviour of discontinuous rock mass damage mechanics theory［J］. Int J Num Analy Meth in Geomech, 1988,12(1):1-30.

［56］曹文贵,张升,赵明华.软化与硬化特性转化的岩石损伤统计本构模型之研究［J］.工程力学, 2006,23(11):110-115.

［57］周家文,杨兴国,符文熹,等.脆性岩石单轴循环加卸载试验及断裂损伤力学特性研究［J］.岩石力学与工程学报,2010, 29(6):1172-1183.

［58］吴刚,何国梁,张磊,等.大理岩循环冻融试验研究［J］.岩石力学与工程学报, 2006,25(s1):2930 -2938.

［59］葛修润,任建喜,蒲毅彬,等.岩石疲劳损伤扩展规律CT细观分析初探［J］.岩土工程学报, 2001, 23(2):191-195.

［60］刘保县,黄敬林,王泽云,等.单轴压缩煤岩损伤演化及声发射特性研究［J］.岩石力学与工程学报, 2009,28(a01):3234-3238.

［61］方德平,岩石应变软化的有限元计算［J］.华侨大学学报:自然科学版,1991,12(2):177-181.

［62］沈新普,岑章志,徐秉业.弹脆塑性软化本构理论的特点及其数值计算［J］.清华大学学报, 1995,35(2):22-27.

［63］蒋明镜,沈珠江.考虑材料应变软化的柱形孔扩张问题［J］.岩土工程学报, 1995,17(4):10-19.

［64］郑宏,葛修润,李焯芬.脆塑性岩体的分析原理及其应用［J］.岩石力学与工程学报,1997,16(1): 8-21.

［65］王贵荣,任建喜.基于三轴压缩试验的红砂岩本构模型［J］.长安大学学报:自然科学版,2006, 26(6):48-51.

［66］余怀昌,李亚丽.粉砂质泥岩常规三轴压缩试验与本构方程研究［J］.人民长江, 2011, 42(13):56-60.

［67］张卫中,陈从新,余明远.风化砂岩的力学特性及本构关系研究［J］.岩土力学, 2009,8(s1): 33-36.

［68］Owen D R J, Hinton E. Finite Elements in Plasticity:Theory and Practice［M］. Swansea：Prineridge Press Limited，1980.

［69］昝月稳，俞茂宏，赵坚，等.高应力状态下岩石非线性统一强度理论［J］.岩石力学与工程学报，2004，23（13）：2143-2148.

［70］周小平，钱七虎，杨海清.深部岩体强度准则［J］.岩石力学与工程学报，2008，21（1）：117-123.

［71］张勇，肖平西，丁秀丽，等.高地应力条件下地下厂房洞室群围岩的变形破坏特征及对策研究［J］.岩石力学与工程学报，2012，31（2）：228-244.

［72］朱珍德，张勇，徐卫亚，等.高围压高水压条件下大理岩断口微观机理分析与试验研究［J］.岩石力学与工程学报，2005，24（1）：44-51.

［73］李斌.高围压条件下岩石破坏特征及强度准则研究［D］.武汉：武汉科技大学，2015.

［74］李小春，白冰，唐礼忠，等.较低和较高围压下煤岩三轴试验及其塑性特征新表述［J］.岩土力学，2010，31（3）：677-682.

［75］Sowers G F. Settlement of waste disposal fills［C］. Proc. 8th Int. Conf. on Soil Mech. Found Engng. Moscow，V2. 2，1973，12（4）：207-210.

［76］王罗春.城市生活垃圾填埋场稳定化进程研究［D］.上海：同济大学，1999.

［77］王静，裴佳钦.生活垃圾简易堆放场的稳定化判别与综合整治［J］.中国资源综合利用，2006，24（9）：21-24.

［78］王罗春，赵由才，陆雍森.垃圾BDM分析及其应用［J］.环境卫生工程，2003，11（1）：6-8.

［79］严树.垃圾土的工程性质研究［D］.武汉：中国科技学院武汉岩土力学研究所，2004.

［80］聂永丰，等.三废处理工程技术手册——固体废物卷［M］.北京：化学工业出版社，2000.

［81］孔德坊.生活垃圾卫生填埋及地质环境效应概论［J］.地质灾害与环境保护，1999（a03）：1-11.

［82］李建国，陈世和，邵立明.城市垃圾处理与处置［M］.北京：中国环境科学出版社，1992.

［83］Zhan T L，Chen Y M，Ling W A. Shear strength characterization of municipal solid waste at the Suzhou landfill，China［J］. Engineering Geology，2008，97（3-4）：97-111.

［84］王中民.城市垃圾处理与处置［M］.北京：中国建筑工业出版社，1991.

［85］赵雪梅.浅谈城市生活垃圾的科学管理——卫生填埋法［J］.环境保护与循环经济，2002（1）：44-46.

［86］赵由才，龙燕，张华.生活垃圾卫生填埋技术［M］.北京：化学工业出版社，2004.

［87］Gabr M A，Hossain M S，Barlaz M A. Shear strength parameters of municipal solid waste with leachaterecirculation[J]. Journal of Geotechnical and Geoenvironmental Engineering, 2007, 133(4):478-484.

[88] Dixon N, Jones D R V. Engineering properties of municipal solid waste [J]. Geotextiles and Geomembranes, 2005, 23(3): 205-233.

[89] Bray J D, Zekkos D, Kavazanjian Jr E, Athanasopoulos G A, et al. Shear strength of municipal solid waste [J]. Journal of Geotechnical and Geoenvironmental Engineering, 2009, 135(6):709-722.

[90] 张乾飞, 王艳明, 徐永福, 等. 老填埋场改扩建中的关键环境岩土技术问题[J]. 土木工程学报, 2007, 40(4): 73-81.

[91] 陈云敏, 林伟岸, 詹良通, 等. 城市生活垃圾抗剪强度与填埋龄期关系的试验研究[J]. 土木工程学报, 2009(3): 111-117.

[92] 王桂林, 刘东燕, 汪东云, 等. 重庆市城区固体废物填埋场现状及岩土环境问题[J]. 地下空间与工程学报, 2001, 21(1): 18-22.

[93] 李国成, 但堂辉, 杨武超. 城市固体垃圾的抗剪强度参数[J]. 重庆大学学报(自然科学版), 2008, 31(2):202-205.

[94] 高文银, 涂帆, 肖朝郓, 等. 填埋场不同深度垃圾土反复直剪实验研究[J]. 环境工程学报, 2010, 4(5): 1171-1176.

[95] 杨明亮, 骆行文, 喻晓, 等. 金口垃圾填埋场内大型建筑物地基基础及安全性研究[J]. 岩石力学与工程学报, 2005, 24(4): 628-637.

[96] 陈云敏, 王立忠. 城市固体垃圾体填埋场边坡稳定性分析[J]. 土木工程学报, 2000,33(3):92-97.

[97] 赵燕茹. 城市生活垃圾填埋体的力学性质及降解沉降研究[D]. 重庆大学, 2014.

[98] 钱学德, 郭志平. 城市固体废弃物(MSW)的工程性质[J]. 岩土工程学报, 1998,20(5):1-6.

[99] Kavazangians, S. J, Matasovic N, Bonaparte R, Schmertmann G. R. Evaluation of MSW Properties for Seismic Analysis[A]. In: Proceeding of Geo-Environment 2000 [C]. Geotechnical Special Publication No. 46. New Orleans, LA:AS CE ,1995:24-26.

[100] 张振营, 吴世明, 陈云敏, 城市生活垃圾土性参数的室内试验研究[J]. 岩土工程学报,2000,22(1):35-39.

[101] 谢强, 张永兴, 张建华. 重庆地区城市垃圾填埋场稳定化研究进程[J]. 地下空间与工程学报, 2003,23(3): 330-334.

[102] 朱向荣, 王朝晖, 方鹏飞. 杭州天子岭垃圾填埋场扩容可行性研究[J]. 岩土工程学报,2002, 24(3): 281-285.

[103] 李晓红, 梁峰, 卢义玉, 等. 重庆市某垃圾填埋场填埋体的强度特性试验[J]. 重庆大学学报:自然科学版, 2006, 29(8): 6-9.

[104] 赵瑜，李晓红，卢义玉，等. 重庆市某卫生填埋场陈垃圾土的工程特性研究[J]. 重庆建筑大学学报，2008，30(3)：32-40.

[105] 骆行文，杨明亮，姚海林，等. 陈垃圾土的工程力学特性试验研究[J]. 岩土工程学报，2006，28(5)：622-625.

[106] 刘荣，施建勇，彭功勋. 垃圾土力学性质的室内试验研究[J]. 岩土力学，2005，26(1)：108-112.

[107] Danel E D, Koerner M R, Rudolph B, et al. Slope stability of geosynthetic clay liner test plots[J]. Journal of Geotechnical and Geoenvironmental Engineering, 1998, 124(7): 628-637.

[108] 梅其岳，吴世明. 山谷型填埋及堆体边坡稳定分析[J]. 岩土工程学报，2000，22(3)：375-378.

[109] 刘君，孔宪京. 卫生填埋场复合边坡地震稳定性和永久变形分析[J]. 岩土力学，2004，25(5)：778-782.

[110] 彭功勋. 全平衡法在卫生填埋场边坡防渗膜安全设计中的应用[J]. 长春工程学院学报(自然科学版)，2005，6(2)：2-4+62.

[111] 吴德伦，黄质宏，赵明阶，等. 岩石力学[M]. 重庆：重庆大学出版社，2002.

[112] 王雷. 大跨偏压路湾隧道信息化动态施工技术研究[D]. 成都：西华大学，2012.

[113] 杨灵. 浅埋偏压小净距隧道施工力学效应研究[D]. 徐州：中国矿业大学，2014.

[114] 孙文涛. V级围岩大跨偏压小净距隧道施工控制技术研究[D]. 成都：西华大学，2013.

[115] 何山. 浅埋大跨度偏压隧道动态施工数值模拟和施工工序比选研究[D]. 长沙：中南大学，2009.

[116] 杨小礼，眭志荣. 浅埋小净距偏压隧道施工工序的数值分析[J]. 中南大学学报：自然科学版，2007，38(4)：764-770.

[117] 邓少军，阳军生，张学民，等. 浅埋偏压连拱隧道施工数值模拟及方案比选[J]. 地下空间与工程学报，2005(6)：940-943.

[118] 伍国军，陈卫忠，戴永浩，等. 浅埋大跨公路隧道施工过程和支护优化的研究[J]. 岩土工程学报，2006(9)：1118-1123.

[119] 朱亮来. 软弱围岩浅埋大跨隧道施工技术[J]. 焦作工学院学报：自然科学版，2002(3)：235-237.

[120] 傅鑫彬. 浅埋软弱围岩大跨隧道的施工技术研究[D]. 成都：西南交通大学，2006.

[121] 王伟，黄娟，彭立敏，等. 不同施工顺序对偏压连拱隧道结构稳定性的影响分析[J]. 西部探矿工程，2004(10)：105-108.

[122] 赵阳，王伟笔，杨昌能. 偏压浅埋连拱隧道施工过程的三维数值模拟[J]. 中南

公路工程,2005(2):181-184+187.

[123] 张敏,黄润秋,巨能攀. 浅埋偏压隧道出口变形机理及稳定性分析[J]. 工程地质学报,2008(4):482-488.

[124] 李毕华. 小间距隧道施工的现场实测与物理模型试验和数值模拟结果的对比研究[D]. 上海:同济大学,2007.

[125] 彭琦. 浅埋偏压小净距隧道围岩压力及施工力学研究[D]. 长沙:中南大学,2008.

[126] 张兆杰. 软弱围岩浅埋超大跨金州隧道施工全过程数值模拟[J]. 公路隧道,2008(2):1-4.

[127] 黄强,李之达,吴延贞. 浅埋隧道施工中围岩应力分析[J]. 湘潭大学自然科学学报,2010,32(1):25-29.

[128] 程旭东,秦鹏举. 浅埋偏压软岩隧道数值模拟及方案比选[J]. 探矿工程(岩土钻掘工程),2011,38(1):77-80.

[129] 陈敬松,李永盛. 浅埋连拱隧道围岩参数反演及施工数值模拟[J]. 地下空间与工程学报,2007,3(6):1176-1181.

[130] 池杨敏,李长顺. 浅埋偏压软岩大跨隧道进洞施工[J]. 公路,2002(6):6-9.

[131] 王新平. 典型公路隧道围岩变形特性与稳定性研究[D]. 重庆:重庆交通大学,2004.

[132] 钟祖良,涂义亮,刘新荣,等. 浅埋双侧偏压小净距隧道衬砌荷载及其参数敏感性分析[J]. 土木工程学报,2013(1):119-125.

[133] 刘正刚. 浅埋偏压小净距隧道施工过程数值模拟研究[J]. 公路工程,2011(2):120-123.

[134] 傅鹤林,张聚文,黄陵武,等. 软弱围岩中大跨度浅埋偏压小间距隧道开挖的数值模拟[J]. 采矿技术,2009(5):17-21.

[135] 黄宗英. 隧道浅埋偏压段数值模拟和监控量测技术研究[D]. 西安:长安大学,2009.

[136] 张铁柱. 超浅埋大跨度隧道设计与施工[J]. 公路交通科技:应用技术版,2008(5):141-143.

[137] 汪立新. 大跨度隧道单—双侧壁导坑法施工力学分析[J]. 西部探矿工程,2007,19(10):170-173.

[138] 张晓彬,吕中玉. 大跨度公路隧道设计与施工技术及其发展趋势[J]. 山西建筑,2007,3(22):341-343.

[139] 霍卫华. 软岩大跨隧道施工力学研究[J]. 河北联合大学学报:自然科学版,2004,26(4):96-100.

[140] 郭陕云. 论我国隧道和地下工程技术的研究和发展[J]. 隧道建设,2004,24(5):1-5.

[141] 靳全红,徐海军. 大跨度公路隧道断层破碎带施工[J]. 石家庄铁道大学学报,

2000,13(s1):48-50.

[142] 张弥,刘维宁,秦淞君. 铁路隧道工程的现状和发展[J]. 土木工程学报,2000,33(2):1-7.

[143] 靳晓光,王兰生,卫宏. 公路隧道围岩变形监测及其应用[J]. 中国地质灾害与防治学报,2000,11(1):19-23.

[144] 王新荣. 有限元法基础及 ANSYS 应用[M]. 北京:科学出版社,2008.

[145] 王毅才. 隧道工程[M]. 北京:人民交通出版社,2006.

[146] 赵海峰,蒋迪. ANSYS 8.0 工程结构实例分析[M]. 北京:中国铁道出版社,2004.

[147] 李宁军. 隧道设计与施工百问[M]. 北京:人民交通出版社,2004.

[148] 重庆交通科研设计院. 公路隧道设计规范[M]. 北京:人民交通出版社,2004.

[149] 关宝树. 隧道工程设计要点集[M]. 北京:人民交通出版社,2003.

[150] 李志业,曾艳华. 地下结构设计原理与方法[M]. 北京:西南交通大学出版社,2003.

[151] 李晓红. 隧道新奥法及其量测技术[M]. 北京:科学出版社,2002.

[152] 吕康成. 隧道工程试验检测技术[M]. 北京:人民交通出版社,2000.

[153] 李世辉,等. 隧道支护设计新论[M]. 北京:科学出版社,1999.

[154] 喻伟. 浅埋偏压隧道施工围岩变形与支护结构受力分析[D]. 重庆:重庆交通大学,2012.

[155] 雷金山,苏锋,阳军生,等. 土洞对地铁隧道开挖的影响性状研究[J]. 铁道科学与工程学报,2008,5(2):57-63.

[156] 袁勇,王胜辉,杜国平,等. 双连拱隧道支护体系现场监测试验研究[J]. 岩石力学与工程学报,2005,24(3):480-484.

[157] 佘健,何川. 连拱隧道施工全过程有限元模拟[J]. 现代隧道技术,2004,41(6):5-11.

[158] 蒋树屏,赵阳. 复杂地质条件下公路隧道围岩监控量测与非确定性反分析研究[J]. 岩石力学与工程学报,2004,23(20):3460-3464.

[159] 王梦恕. 21 世纪我国隧道及地下空间发展的探讨[J]. 铁道科学与工程学报,2004,1(1):7-9.

[160] 刘招伟,何满潮,肖红渠. 浅埋大跨连拱隧道施工中变形的监测与控制措施[J]. 岩土工程学报,2003,25(3):339-342.

[161] 李元海,朱合华. 岩土工程施工监测信息系统初探[J]. 岩土力学,2002,23(1):103-106.

[162] 陈建勋,楚锟,王天林. 用收敛—约束法进行隧道初期支护设计[J]. 长安大学学报:自然科学版,2001,21(2):36-40.

[163] 陈少华,易亚滨. 偏压浅埋隧道复合式衬砌的相互作用和结构计算[J]. 现代隧道技术,1999(2):20-24.

[164] 姜功良. 浅埋软土隧道稳定性极限分析[J]. 土木工程学报,1998(5):62-72.

[165] 王震. 正阳隧道围岩变形与支护结构受力特性研究[D]. 重庆:重庆交通大学,2009.

[166] 曾义. 斑竹林隧道新奥法施工监控量测与分析研究[D]. 重庆:重庆交通大学,2008.

[167] 唐雨春. 正阳隧道进口段围岩变形特性与稳定性研究[D]. 重庆:重庆交通大学,2008.

[168] 杨林杰. 压电式无阀微泵振动分析及流场数值计算[D]. 秦皇岛:燕山大学,2005.

[169] 朱汉华. 公路隧道围岩稳定及支护技术[M]. 北京:科学出版社,2007.

[170] 孙汝建. 国外岩土工程监测仪器[M]. 南京:东南大学出版社,2006.

[171] 李国锋. 特殊地质公路隧道动态设计施工技术[M]. 北京:人民交通出版社,2005.

[172] 阳军生,刘宝琛. 城市隧道施工引起的地表移动及变形[M]. 北京:中国铁道出版社,2002.

[173] 黄成光. 公路隧道施工[M]. 北京:人民交通出版社,2001.

[174] 吴鸿庆,任侠. 结构有限元分析[M]. 北京:中国铁道出版社,2000.

[175] 王先义,郑召怡. ANSYS 有限元在模拟隧道暗挖施工中的应用[J]. 西部交通科技,2010(z1):63-66.

[176] 王薇,邹江海,潘文硕,等. 不同施工顺序对陡坡偏压小净距隧道围岩稳定性的影响研究[J]. 中国安全生产科学技术,2016(8):28-33.

[177] 王海强,张成良,刘忠强,等. 不同开挖错距条件下偏压连拱隧道围岩及中隔墙应力变化规律分析[J]. 世界科技研究与发展,2016(5):1024-1028 + 1066.

[178] 何桥,叶明亮,田凯,等. 浅埋暗挖隧道施工过程数值模拟分析[J]. 水利与建筑工程学报,2015(6):36-41.

[179] 陈秋南,赵磊军,谢小鱼,等. 浅埋偏压大跨花岗岩残积土小净距隧道合理间距研究[J]. 中南大学学报:自然科学版,2015(9):3475-3480.

[180] 凌云鹏,夏志国,陈礼明. 浅埋大跨隧道合理施工方法研究[J]. 铁道勘察,2015(5):47-50.

[181] 刘满. 浅埋软弱围岩大跨隧道施工技术的探讨[J]. 建材与装饰,2015(46):193-194.

[182] 魏海虹. 浅埋偏压隧道施工过程数值分析[J]. 铁道建筑,2015(8):58-60.

[183] 王青松. 十道羊岔隧道偏压段施工顺序和方法及地形偏压条件数值模拟分析[D]. 吉林大学,2015.

[184] 刘继军. 偏压隧道洞口段开挖工序分析[J]. 南阳理工学院学报,2015,7(2):97-100.

[185] 朱浩波. 大断面浅埋高速铁路隧道施工关键技术研究[D]. 北京:北京交通大

学,2015.

[186] Gilles Gaudin,Stéphane Andrieu,Coriolan Tiusan,et al. Bias dependence of tunneling magnetoresistance in magnetic tunnel junctions with asymmetric barriers[J]. Journal of Physics Condensed Matter,2013,25(49).

[187] L. C. Li,H. H. Liu. A numerical study of the mechanical response to excavation and ventilation around tunnels in clay rocks[J]. International Journal of Rock Mechanics and Mining Sciences,2013,59(5):22-32.

[188] Sang-lim No,Seung-hwan Noh,Sang-pil Lee,et al. Construction of long and large twin tube tunnel in Korea-Sapaesan tunnel[J]. Tunnelling and Underground Space Technology,2006,21(3-4):393.

[189] D Peila,S Pelizza. Criteria for technical and environmental design of tunnel portals [J]. Tunnelling and Underground Space Technology,2002,17(4):335-340.

[190] Chungsik Yoo, Jae-Hoon Kim. A web-based tunneling-induced building/utility damage assessment system: TURISK [J]. Tunnelling and Underground Space Technology,2003,18(5):497-551.

[191] H Mroueh, I Shahrour. A full 3-D finite element analysis of tunneling-adjacent structures interaction[J]. Computers and Geotechnics,2003,30(3):245-253.

[192] HenryWong,DidierSubrin,DanielDias. Extrusion movements of a tunnel head reinforced by finite length bolts-a closed-form solution using homogenization approach [J]. Int. J. Numer. Anal. Meth. Geomech. ,2000 (6).

[193] L. T. Chen,H. G. Poulos,N. Loganathan,et al. Pile Responses Caused by Tunneling[J]. Journal of Geotechnical and Geoenvironmental Engineering, 2000, 126 (6):580-581.